Marcus Linke

Analyse der Steuerung des Tagesablaufs mittels Service-Level-Agreements zwischen Verladern und Dienstleistern

GRIN Verlag

Bibliografische Information der Deutschen Nationalbibliothek:

Die Deutsche Bibliothek verzeichnet diese Publikation in der Deutschen National-
bibliografie; detaillierte bibliografische Daten sind im Internet über http://dnb.d-
nb.de/ abrufbar.

Impressum:

Copyright © 2012 GRIN Verlag, Open Publishing GmbH
Druck und Bindung: Books on Demand GmbH, Norderstedt Germany
ISBN: 978-3-656-24036-5

Dieses Buch bei GRIN:

http://www.grin.com/de/e-book/197704/analyse-der-steuerung-des-tagesablaufs-
mittels-service-level-agreements

Universität Duisburg-Essen

Campus Duisburg

Fachbereich Ingenieurwissenschaften

Masterarbeit

Zur Erlangung des Grades eines

Master of Science

In Technische Logistik

Über das Thema

Analyse der Steuerung des Tagesablaufs mittels Service-Level-Agreements zwischen Auftraggebern (im Folgenden Verladern) und Logistik-Dienstleistern

Von Linke, Marcus

Aus Cottbus

30.03.2012   Thema erhalten am: 02.01.2012

Inhaltsverzeichnis

Seite

Tabellenverzeichnis

Abkürzungsverzeichnis

Abb.	Abbildung
bzgl.	bezüglich
bzw.	beziehungsweise
d. h.	das heißt
etc.	etcetera
evtl.	eventuell
f.	folgende
ff.	fortfolgende
gem.	gemäß
ggf.	gegebenenfalls
i.d.R.	in der Regel
KPI	Key-Performance-Indicators
KVP	kontinuierlicher Verbesserungsprozess
LDL	Logistik-Dienstleister
S.	Seite
SLA	Service-Level-Agreement
URL	Uniform Resource Locator
vgl.	vergleiche
www	world wide web
z.B.	zum Beispiel

1 Einleitung

Sich ständig verändernde Marktsituationen und komplexere Strukturen in der logistischen Wertschöpfungskette veranlassen nicht nur Konzerne, sondern auch kleine und mittelständische Produktions- und Handelsunternehmen in der Logistik zum Umdenken. Wo man noch vor wenigen Jahren auf den Planen der LKW auf deutschen Autobahnen und Bundesstraßen Begriffe wie „Speditionsunternehmen", „Spediteur" oder „Frächter" lesen konnte, wurden diese heute durch moderne Beschreibungen wie Logistikunternehmen, Logistikservice oder Logistikzentrum ersetzt.[1]

Die stetig wachsenden Anforderungen der Kunden, durch die Zunahme der internationalen Waren- und Materialströme und der Fokussierung auf Zeit, Service, Qualität und Kosten, zwingen den Auftraggeber und Logistik-Dienstleister zum Umstrukturieren interner und externer Prozesse. Andernfalls setzt man sich der Gefahr aus, Margenverluste zu erleiden oder gar aus dem Wettbewerb verdrängt zu werden. Das Ergebnis dieser Marktveränderungen ist, dass sich stetig differenziertere Ausprägungen von Logistik-Dienstleistern entwickeln.[2] Als Unterscheidungskriterien für Logistik-Dienstleister gelten einerseits die Leistungsbreite, die die Vielfalt der angebotenen Leistungen angibt und andererseits die Leistungstiefe, was ein Maß für den Umfang der Ausführungen der angebotenen Leistungen darstellt.[3]

So haben sich verschiedene Dachstrategien in der Logistik-Dienstleistungsbranche entwickelt, die sich je nach Unternehmensausrichtung verschieden stark in die Wertschöpfungskette und in die Informationslogistik des Auftraggebers integrieren. Wo sich noch vor einigen Jahren die reinen Fuhrunternehmer und Spediteure am Markt etablierten (First Party Logistics), die eine hohe physische Dienstleistung zur Verfügung stellten und allein für die Umsetzung dieser logistischen Standardleistung zuständig waren, entwickelten sich im Laufe der Zeit Systemintegratoren (Fourth Party Logistics) und Lead Logistics Provider (siehe Abbildung 1).

---

[1] Vgl. Steger (2009): 480.

[2] Vgl. Mehldau/Schnorz (1999): 848.

[3] Vgl. Johnson/Wood (1996): 45f.

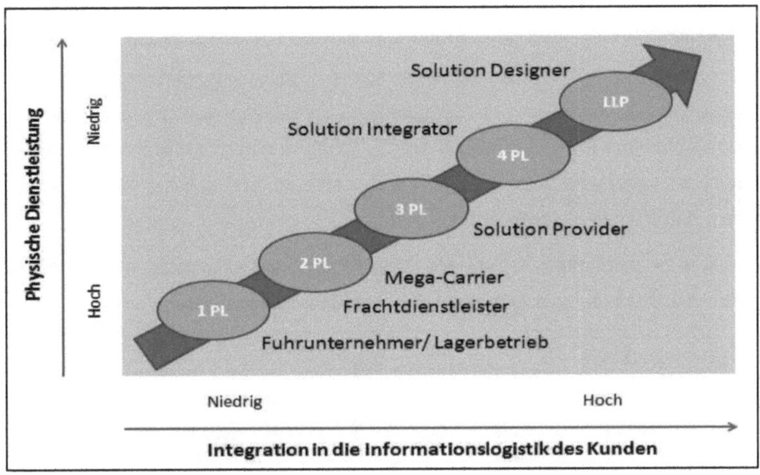

Abb. 1: Integration der Logistik-Dienstleister in die Informationslogistik des Auftraggebers / Kunden

Quelle: Eigene Darstellung in Anlehnung an Exxent Management Team AG (2011)

Die Kernkompetenz der Systemintegratoren liegt in der Erstellung und Implementierung kundenindividueller Lösungen auf Networking-Basis, wie beispielsweise der IT-Architektur oder dem Network-Relationship-Management oder gilt wie im Falle des Lead Logistics Provider als reiner Berater für kundenindividuelle Komplettlösungen.[4] Second und Third Party Logistics gelten als Mischformen der genannten Unternehmensausrichtungen, die teilweise Transport- sowie Aufgaben im Informationslogistikbereich für den Kunden übernehmen.

1.1 Hintergrund und Motivation des Outsourcings von Logistik-Dienstleistungen

Logistische Standardleistungen, die für den Auftraggeber als leicht austauschbar gelten, unterliegen in zunehmendem Maße einem starken Preis und Wettbewerbsdruck. Deshalb versuchen Anbieter logistischer Dienstleistungen ihr Angebot an Kernleistungen auf den Bereich der Kontraktlogistik auszuweiten.[5]

---

[4] Vgl. Exxent Management Team AG (2011): 1-6.

[5] Vgl. Borchert, Heuwing-Eckerland (2011): 280.

Der Begriff Kontraktlogistik bezeichnet laut Stölzle „integrierte Leistungsbündel", die verschiedene, in ihrem Umfang wesentliche Logistikleistungen, ergänzbar um Zusatzleistungen, enthalten und kundenspezifisch gestaltet von einem Dienstleister für eine andere Partei wiederholt werden." Das vereinbarte Geschäftsvolumen dieser Beziehung wird über einen längeren Zeitraum, von üblicherweise 3 bis 5 Jahren, durch einen Kontrakt abgesichert.[6]

Somit werden nicht mehr nur isolierte Logistikleistungen angeboten, sondern Gesamtpakete durch einen sogenannten System-Dienstleister geschaffen.

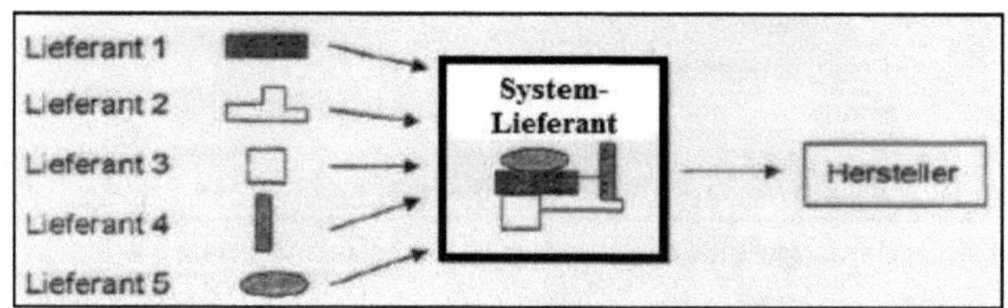

Abb. 2: System-Lieferant

Quelle: Thonfeld TransSecure GmbH (2010): 3

Im Rahmen dieser umfassenden Leistungspakete führt der System-Dienstleister, ähnlich wie ein System-Lieferant (siehe Abbildung 2), in den meisten Fällen die Leistungen nicht vollständig allein durch, sondern es werden vielmehr Subdienstleister in Form von Einzel-, Spezial- oder Verbund-Dienstleistern integriert.[7]

Nach der Definition des Bundesverbandes Werkverkehr und Verlader e. V. wird der Auftraggeber bzw. der Nachfrager nach Logistik-Dienstleistungen aller Art als Verlader bezeichnet[8]

In der Fremdvergabe logistischer Leistungen sehen die Verlader eine Möglichkeit zur Kostensenkung sowie zur Schaffung von Differenzierungsmerkmalen gegenüber Wettbewerbern und um dem Druck am Markt standzuhalten.[9] Auf der Gegenseite versuchen die System-Dienstleister mittels kundenindividueller Angebote und der starken Integration in die Logistiknetzwerke der Verlader, eine relativ stabile Wettbewerbsposition gegenüber anderen Logistik-Dienstleistern zu schaffen.

---

[6] Vgl. Stölzle et al (2007): 38.

[7] Vgl. Zöllner (1990): 12.

[8] Vgl. Borchert, Heuwing-Eckerland (2011): 280.

[9] Vgl. Bretzke (1998): 393ff.

Darüber hinaus ist für das Segment der Kontraktlogistik ein überproportionales Wachstum im Vergleich zum Gesamtlogistikmarkt zu verzeichnen.[10] Durch das „Aufbrechen" der Wertschöpfungskette des Auftraggebers, übernimmt der Dienstleister in Eigenverantwortung bestimmte Teile der Supply Chain und fungiert als Bindeglied zwischen sämtlichen Beteiligten im Wertschöpfungsprozess. Erfolgt dies zielgerichtet, gilt Outsourcing ohne Frage als wirksames Instrument zur Kostenreduzierung.

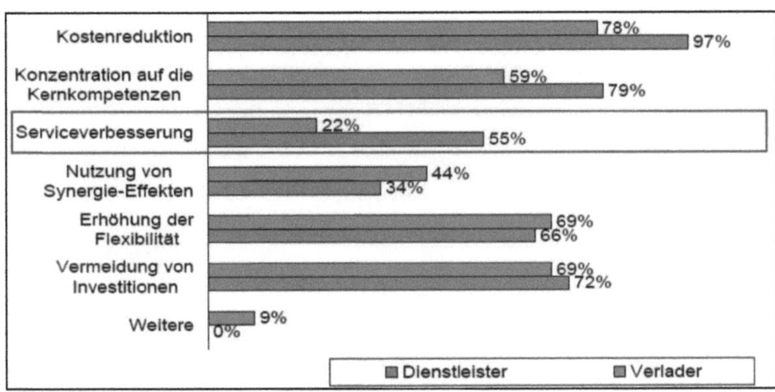

Abb. 3: Gründe für die Outsourcing-Entscheidung

Quelle: Miebach Consulting Gmbh – Outsourcing Studie 2009

(2009): 12

Das belegt ein Ergebnis, zu dem die Miebach Consulting GmbH mit Hilfe der „Outsourcing Studie 2009 – Trends und Erfolgsfaktoren" gekommen ist. Dabei wurde unter Anderem gefragt, was die Gründe für die Outsourcing-Entscheidung auf beiden Seiten gewesen sind. Abbildung 3 ist zu entnehmen, dass mit 78% auf Verlader- und sogar 97% auf Dienstleisterseite das Ziel der Kostenreduktion die größte Rolle spielte. [11]

Weitere Gründe waren die Vermeidung von Investitionen und die Erhöhung der Flexibilität, was ca. 2/3 der beteiligten Umfrageteilnehmer auf beiden Seiten angaben. Ein weiterer wichtiger Punkt ist die Konzentration auf die eigene Kernkompetenz, was auf Dienstleisterseite mit 79% eine wichtigere Rolle spielte als auf Verladerseite.

---

[10] Vgl. Klaus (1999): 54.

[11] Vgl. Miebach Consulting Gmbh (2009).

Den größten Unterschied bei den befragten verladenden und Dienstleisterunternehmen zeigen die Antworten bezüglich der Serviceverbesserung.

Was auf der einen Seite der Hälfte aller Dienstleister vor der Entscheidung der Kooperation mit dem Verlader wichtig war und im Unternehmensfokus stand, scheint bei den Verladern eine untergeordnete Rolle zu spielen. Die Gründe dafür sollen zu einem späteren Zeitpunkt dieser Arbeit erörtert und analysiert werden.

Ein weiteres Ziel des Outsourcings sollte die Reduzierung des eigenen Risikopotenzials sein. Laut einer von McKinsey durchgeführten Studie im Jahre 2003 äußerten sich 58% der Befragten enttäuscht über die Ergebnisse ihres Auslagerungs-Projektes. Man kam zu dem Ergebnis, dass viele Fehler in Folge einer falschen Anbieterauswahl geschehen sind.[12]

1.2 Problemstellung und Zielsetzung der Arbeit

Es hat den Anschein, als wäre Outsourcing in der Logistik modern, der Einsatz von Logistik-Dienstleistern ist üblich. Der einzige Unterschied besteht im Umfang der Fremdvergabe. Wo manche Unternehmen nur die Seefracht für den Import aus Fernost vergeben, beginnt bei anderen Unternehmen die Verantwortung des Logistik-Dienstleisters direkt bei der Beschaffung oder an der Produktion.
Welchen Grund hat es aber, dass ca. 60% (Stand 2003) der Industrieunternehmen mit ihren Logistik-Dienstleistern unzufrieden sind?[13]

Die angesprochene „Miebach-Studie" aus dem Jahre 2009 zeigt ein ähnliches Bild (Abbildung 4). Demnach schneidet das Ziel, durch Outsourcing innovativer zu werden, auf Verladerseite als Zielerreichungsgrad mit der Note 3 ab, wobei die Note 5 am schlechtesten gewertet wird.
Auch auf Dienstleisterseite musste man in seinen hohen Erwartungen der Arbeit mit dem Verlader zurückstecken. So scheint es, als gäbe es hohe Einschränkungen bei Prozessabläufen, Lieferfähigkeit und der Transparenz bestimmter Strukturen untereinander. [14]

---

[12] Vgl. Dilges-Maruska (2011): 3-6.

[13] Vgl. Gerking (2011): 1.

[14] Vgl. Miebach Consulting Gmbh (2009): 2-6.

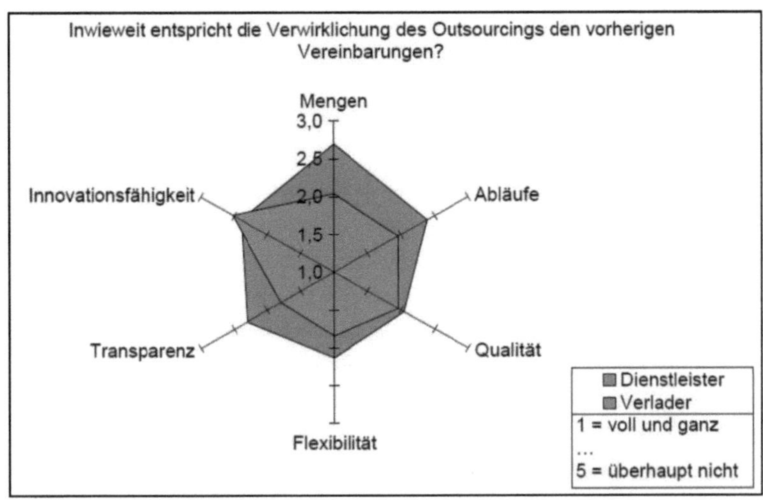

Abb. 4: Erwartungshaltung und Erfüllungsgrad der Vereinbarungen

Quelle: Miebach Consulting Gmbh – Outsourcing Studie 2009

(2009): 26

Dabei muss man sich die Frage stellen, ob sich die Dienstleistungsbranche auf einem qualitativ geringen Niveau bewegt oder aber die Ansprüche der Verlader zu hoch sind? Sicherlich ist die angesprochene Unzufriedenheit mit Beidem zu erklären. Die häufigsten Probleme scheinen jedoch darin zu liegen, dass die Regeln für die Zusammenarbeit nicht eindeutig festgelegt wurden, die Erwartungen an den jeweils anderen Vertragspartner zu hoch und die Vorstellungen über den Leistungsinhalt unterschiedlich sind. Die Divergenz in der Erwartungshaltung wird oft erst erkannt, wenn die daraus resultierenden Differenzen nicht mehr ausgelotet werden können.[15]

Service-Level-Agreements (SLAs) scheinen in der Hinsicht Abhilfe zu schaffen. Mit der Einführung der Service-Level-Agreements in den 80er Jahren in der IT-Branche sollte ein Beitrag dazu geleistet werden, eine „optimale" Gestaltung der Leistungsbeziehung zwischen IT-Anwendern und IT-Dienstleistern im Hinblick auf eine effiziente Unterstützung betrieblicher Prozesse herbeizuführen.

---

[15] Vgl. Gerking (2011): 1.

Diese spezielle Form der Leistungsvereinbarung zwischen Auftraggeber und Dienstleister wurde in den 90er Jahren auch in den Bereich der Logistik übernommen.[16]

Nach eingehender Literaturrecherche wirkt, wie bereits angedeutet, die Zusammenarbeit zwischen Verlader und Logistik-Dienstleister mittels Service-Level-Agreements, auch heute noch für beide Parteien als nicht sonderlich zufriedenstellend. Die Praxis zeigt, dass der Einsatz und die Handhabung von SLAs eine sehr komplexe Aufgabe darstellt und dabei zahlreiche Aspekte zu beachten sind. Diese Arbeit soll aufzeigen und erörtern, in welcher Art und Weise die Verlader die Service-Level-Agreements im Tagesgeschäft mit dem Logistik-Dienstleister einsetzen und wie zufriedenstellend ihr Umgang mit den SLAs ist und diese bewertet werden. Trotz der bereits über einige Jahrzehnte zurückreichenden Historie von SLAs, lassen sich in der Literatur bisher nur wenige qualitativ verwertbare Beiträge finden, die sich in der Logistik-Branche, speziell mit dieser Art der Leistungsvereinbarung befassen. Die vorhandenen Veröffentlichungen stiegen in den letzten Jahren mit dem Fokus der Unternehmen auf SLAs zwar an, priorisieren sich jedoch weiterhin zumeist auf die IT-Branche.

Die häufigsten Berichte aus der Literatur fokussieren sich allein auf die Themengebiete Outsourcing und Kontraktlogistik und beziehen sich oftmals auf die Erläuterung sowie Gemeinsamkeiten und Unterschiede der Begriffe an sich, die Beschreibung der Prozessabläufe zwischen Verlader und Dienstleister, oder aber es werden die Mängel in der Zusammenarbeit untereinander dargestellt. Aussagen über die praktische Anwendung von SLAs in der Logistik lassen sich nur in geringem Maße treffen und beziehen sich zumeist auf Studien und Veröffentlichungen von einigen wenigen Unternehmensberatungen, wie beispielsweise der „Management Consulting Dr. Gerking GmbH" oder der „Miebach Consulting GmbH". Eine der wenigen Studien, die in der Literatur auffindbar ist und zudem als aktuell einzustufen ist, trägt den Titel „Outsourcing Studie 2009 – Trends und Erfolgsfaktoren" und wurde von der Miebach Consulting GmbH im Jahre 2009 online veröffentlicht. [17]

---

[16] Vgl. Bernhard et al (2003): 281-310.

[17] Vgl. Miebach Consulting Gmbh (2009).

Auf diese Veröffentlichung soll in dieser Arbeit teilweise eingegangen, sowie ein Bezug seitens der Gemeinsamkeiten und Unterschiede zum praktischen Teil der vorliegenden Arbeit dargestellt werden.

Weitere Autoren, die sich mit dem Gebiet des Service-Level-Agreement ausführlich auseinander gesetzt haben, sind die Herren Michael Pulverich und Jörg Schietinger, die im Jahre 2011 das Buch „Service-Levels in der Logistik - Mit KPIs und SLAs erfolgreich steuern" veröffentlichten, und somit als Vorreiter gelten, die theoretischen Grundlagen der SLAs auch in die Praxis zu übertragen.

Entsprechend der bisher noch sehr sporadischen Behandlung von SLAs in der Wirtschaft, lässt sich ein Defizit an theoretischen aber vor allem an praktischen Aussagen feststellen. Des Weiteren ist nach ausführlicher Recherche ersichtlich, dass es keine aktuellen empirischen Studien zum Einsatz von SLAs zwischen Verladern und Logistik-Dienstleistern in der Praxis gibt. So fehlen bisher bestätigte Aussagen über die Praxisrelevanz oder die damit erzielbaren Nutzenpotentiale oder Risiken im Tagesgeschäft.

1.3 Aufbau der Arbeit

In dieser Arbeit wird unter anderem die These vertreten, dass deutsche verladende Unternehmen, die bereits SLAs in der Partnerschaft mit dem Dienstleister einsetzen, dieses Instrument bisher nicht vollständig umsetzen und somit dessen verfügbares Potential nicht vollends ausschöpfen. Um diese und weitere Thesen zu verfolgen, auf die später näher eingegangen wird, werden mit dieser Arbeit zwei Ansätze dargelegt.

Der erste Teil der vorliegenden Arbeit befasst sich mit dem theoretischen Ansatz des Begriffs, der Konzeption und dem Management von Service-Level-Agreements in der Logistik-Branche. Hierbei soll das Ziel verfolgt werden, einen grundlegenden Beitrag zum Verständnis des Service-Level-Agreements als Sonderform einer Leistungsvereinbarung zwischen Verladern auf der einen und Logistik-Dienstleistern auf der anderen Seite zu leisten. Der Fokus liegt dabei auf der Bestimmung der Inhalte und dem Aufbau von SLAs, sowie den charakteristischen Merkmalen und den Anforderungen an den Einsatz in der Partnerschaft.

Des Weiteren soll es seinen Platz in den typischen Dienstleistungsverträgen finden und dort rechtlich genau eingeordnet werden. Weiterhin soll auf die Kennzahlengestaltung und deren Messverfahren eingegangen werden und am Ende des ersten Teils ein Bezug auf die möglichen Ziele und grundlegende Erwartungshaltungen an die Verwendung von SLAs genommen werden.

Der zweite Teil der Arbeit beschäftigt sich mit der empirischen Untersuchung und Analyse der betrieblichen Realität und stellt diesen den theoretischen Anforderungen an den Einsatz von Service-Level-Agreements gegenüber. Dabei wird zunächst auf die Ziele, das Forschungsdesign und die zu untersuchenden Thesen der Studie eingegangen. In Punkt 3.2 wird erläutert, auf welche Art und mit Hilfe welcher Methodik vorgegangen wurde, um die Studie durchzuführen. Weiterhin wird auf die Repräsentativität der Expertenbefragung sowie auf dessen Stichprobenumfang eingegangen, wonach sich der Hauptfokus der vorliegenden Arbeit anschließt. Dieser beschäftigt sich mit der detaillierten Auswertung der Studie.

Der vierte und letzte Punkt der Arbeit soll einen Überblick über die erzielten Ergebnisse liefern und diese in einen Vergleich zur Miebach-Studie 2009 setzen. Dabei soll erörtert werden wo Gemeinsamkeiten und Unterschiede zu erkennen sind. Des Weiteren soll überprüft werden, inwiefern sich die aufgestellten 4 Thesen der vorliegenden Arbeit bewahrheiten. Die Schlussfolgerungen daraus sollen in einem letzten Abschnitt einen möglichst praxisrelevanten Ausblick auf den Einsatz von Service-Level-Agreements zwischen Verladern und Logistik-Dienstleistern auf die kommenden Jahre geben. Dabei werden Handlungsempfehlungen für verladende Unternehmen dargestellt, um das maximale Potential der Zusammenarbeit beider Parteien im Tagesgeschäft mittels SLAs auszuschöpfen.

Teil I: Theoretische Auseinandersetzung mit dem Begriff, der Konzeption und dem Management von Service-Level-Agreements in der Logistik-Branche

2. Grundlagen von Service-Level-Agreements

Erstmalig aufgekommen ist die Bezeichnung und das Konzept von SLAs im Zusammenhang mit der Regelung der Erbringung der Leistungen von großen unternehmensinternen Dienstleistern, insbesondere von IT-Dienstleistern, sowie von öffentlichen Bildungseinrichtungen, wie Universitäten oder Bibliotheken.[18] Die ersten Veröffentlichungen zu SLAs stammen aus den 80er Jahren und legten ihren Fokus inhaltlich primär auf technische Leistungsmerkmale von IT-Systemen und beschränkten sich auf Großrechnersysteme. Erneute Diskussionen um den Einsatz von SLAs für die Regelung von IT-Dienstleistungen sind Mitte der 90er Jahre erneut aufgekommen.[19]

Dabei ging es um die Verbesserung der Abstimmung zwischen Fachbereich und IT-Dienstleister. Mangelnde Qualität genutzter IT-Systeme, Performance-Engpässe oder Systemausfälle brachten viele Unternehmen zu der Entscheidung, ihre internen IT-Einheiten auszugliedern. Hierbei ist von Relevanz, die Anforderungen an die zu erbringenden Leistungen im Vorfeld exakt zu identifizieren und zu beschreiben. Maßnahmen zur Kontrolle und Sicherstellung der Einhaltung dieser Anforderungen mussten in wesentlich höherem Maße als bei der Gestaltung der Beziehungen zwischen IT-Einheit und Fachbereich im Innenverhältnis etabliert werden. Nur wenn ein IT-Dienstleister die Anforderungen der Fachbereiche kennt, kann die Einhaltung dieser durch entsprechende Maßnahmen gewährleistet werden.[20]

---

[18] Vgl. Pantry, Griffith (1997): 13-14.

[19] Vgl. Dancziger (2007).

[20] Vgl. Bernhard et al (2003): 281-310.

2.1 Begriffsbestimmung und charakteristische Merkmale von Service-Level-Agreements

An dieser Stelle soll darauf hingewiesen werden, dass sich die folgenden Begriffsbestimmungen des Service-Level-Agreements, sowie die Einbettung dieser in die vorliegende Arbeit, ausschließlich auf den Bereich der Logistik beziehen. Die bereits angesprochenen Parallelen, sowie der Bezug der SLAs zur IT-Branche soll hierbei völlig außen vor gelassen werden, da er einerseits den Fokus auf das Wesentliche trüben würde und er weiterhin für die vorliegende Arbeit keinerlei Relevanz hat. Weiterhin soll festgehalten werden, dass sich der Fokus der Arbeit ausschließlich auf die Betrachtung rechtlich und wirtschaftlich unabhängiger Unternehmen, die externe SLAs nutzen, legt, da sich der empirische Teil der Arbeit ausschließlich auf das Tagesgeschäft von Auftraggebern mit ihren externen Logistik-Dienstleistern bezieht (siehe Abbildung 5).

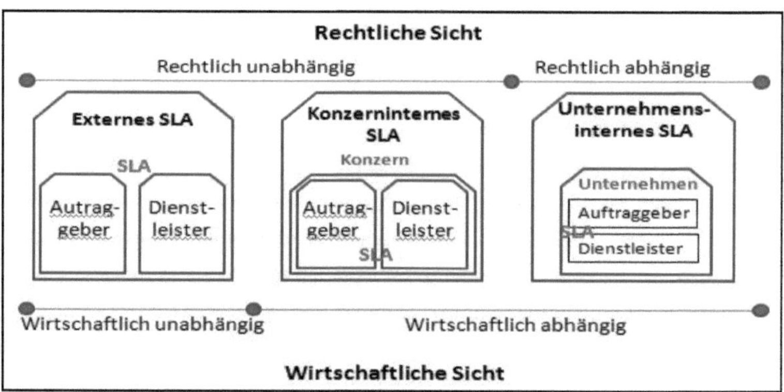

Abb. 5: Die Arten von Service-Level-Agreements

Quelle: Eigene Darstellung in Anlehnung an Berger (2005): 30

Nach der Übernahme der SLAs in die Logistik in den 90er Jahren wurde versucht, verschiedene Ansatzpunkte zur Beschreibung des Kontextes zu finden.

Betrachtet man die Bezeichnung einzeln, geben Sie bereits einen Hinweis auf die eigentliche Bedeutung.

- Das Wort „Service" (engl. Dienst, Dienstleistung) bedeutet inhaltlich Objektbereich der Dienstleistung.
- Das Wort „Level" kann in dem Zusammenhang mit „Niveau" übersetzt werden. In Kombination mit dem ersten Wort wird das sogenannte „Service-Level" als Dienstleistungsstandard oder Dienstleistungsniveau bezeichnet.
- Das Wort „Agreement" bezeichnet eine Vereinbarung.[21]

Anhand dieser Beschreibungen wird deutlich, dass der Begriff des Service-Level-Agreements, also übersetzt „Dienstgütevereinbarung", dem Bereich der Leistungsvereinbarung zuzuordnen ist.

Laut des Internet-Management-Lexikons „Manalex" wird mit dem Begriff eine Vereinbarung *„zwischen Akteuren, die einander gleichgeordnet sind"*, bezeichnet und ferner [...] *„die Erbringung von Leistungen und gegebenenfalls die dafür zu berechnenden Entgelte oder anderen Gegenleistungen"* beschrieben. *„Inhaltlich entspricht eine Leistungsvereinbarung einer Zielvereinbarung zwischen Akteuren in einem hierarchischen Verhältnis."*[22]

Ein Service-Level-Agreement ist laut Berger *„eine formale, schriftlich dokumentierte, für einen bestimmten Zeitraum abgeschlossene Vereinbarung zwischen einem Leistungsnehmer (Auftraggeber) und einem Leistungsanbieter (Dienstleister), in der der Leistungsnehmer die Erbringung gewisser inhaltlich und qualitativ definierter Dienstleistungen und der Auftraggeber hierfür die Leistung definierter finanzieller Ausgleichszahlungen zusagt. Die Festlegung der durch den Dienstleister zu erbringenden Qualität der Dienstleistungen erfolgt durch die Vereinbarung von einzuhaltenden Service-Levels (Soll-Werte) für bestimmte, gemeinsam definierte, quantifizierbare [...] relevante Merkmale der Dienstleistungen, die durch Kennzahlen ausgedrückt werden. Ein SLA definiert ferner Verfahren, die den Nachweis der Einhaltung der Service-Levels, sowie Konsequenzen für den Fall der Abweichung von vereinbarten Service-Levels regeln."*[23]

---

[21] Vgl. Berger (2005): 40-44.

[22] Vgl. http://www.manalex.de (2012): Stichwort: Leistungsvereinbarung.

[23] Vgl. Berger (2005): 44.

Laut beider Definitionen ist der Beweis erbracht, dass es sich bei Service-Level-Agreements eindeutig um Leistungsvereinbarungen zwischen Akteuren handelt, die in einem hierarchischen Verhältnis von Auftraggeber zu Auftragnehmer stehen.

2.2 Grundsätze für die Gestaltung von Logistikverträgen

Die Ausführung unterschiedlichster Logistik-Dienstleistungen birgt oft ein hohes Risikopotential. Mit Hilfe des Logistikvertrages, der den Kooperationen von Verladern (Servicenehmern) und Logistik-Dienstleistern (Servicegebern) zugrunde liegt, kann dieses Risiko abgebildet und entsprechende Regelungen festgesetzt werden. Die optimale Vertragsgestaltung im haftungsrechtlichen Bereich erfordert auf der einen Seite die richtige Zuordnung der Leistungspflichten zu den einzelnen Teilrechtsgebieten sowie andererseits die Analyse der sich aus diesen Grundlagen ergebenden Haftungsrisiken.[24]

Entscheiden sich Verlader und Logistik-Dienstleister dazu, sich langfristig zu binden und oft auch erhebliche Investitionen zu tätigen, ist es unerlässlich, „krisenfeste" Vereinbarungen zu treffen und Risiken weitgehend abzusichern.[25] Trotz aller Verschiedenartigkeiten weisen Logistikverträge verschiedene Gemeinsamkeiten auf. Sie zielen auf eine dauerhafte Zusammenarbeit mit dem abgeschlossenen Rahmenvertrag und haben ihren Ursprung im Transport-, Speditions- und Lagerwesen, wo der Verkehrsvertrag gilt. Erweitert man also diesen Verkehrsvertrag um zusätzliche „Mehrwertleistungen", erhält man den Logistikvertrag. Weitere Gemeinsamkeiten aller Logistikverträge bilden die Vernetzung des Informationsflusses, sowie die gegenseitige Abhängigkeit zwischen Auftraggeber und Auftragnehmer.[26] Der Logistikvertrag ist kein gesetzlich geregelter Vertragstyp, er ist nicht normiert und somit finden sich keine Bestimmungen, die ihn als solchen regeln würden.[27]

Die Besonderheit ist, dass er in der Regel die verschiedenartigsten Leistungspflichten enthält, die wiederum den Hauptleistungspflichten unterschiedlicher gesetzlich geregelter Vertragstypen entsprechen.

---

[24] Vgl. Steger (2009): 480.

[25] Vgl. Thonfeld TransSecure GmbH (2010): 1.

[26] Vgl. Thonfeld TransSecure GmbH (2010): 3.

[27] Vgl. Steger (2009): 480.

So kann ein Logistikvertrag für den Dienstleister vorsehen, dass dieser neben dem Transport und der Lagerung, auch für die Entwicklung eines Logistikkonzeptes, die Qualitätssicherung, die Kommissionierung oder das Bestandsmanagement verantwortlich ist.

Im Logistikvertrag finden sich dann unter anderem Elemente des Frachtvertrages, des Lagervertrages oder des Werkvertrages. Man spricht dabei auch von einem „typengemischtem Vertrag".[28] So ist die Organisation und Steuerung von Transportabläufen beispielsweise in das Speditionsrecht, Transportleistungen in das Frachtrecht und verfügte Lagerungen in das Lagerrecht einzuordnen. Logistische Mehrwertleistungen, z.B. Veränderung oder Montage von Gegenständen, die Fakturierung oder Bestandspflege gehören zum BGB-Vertragsrecht.[29]

Neben dem „typengemischten Logistikvertrag", bei dem sich die Rechtsfolge aus den Vorschriften des Vertragstyps, der für die jeweilige Teilleistung gilt, ergibt, besteht noch die Variante des „bestimmenden Grundtyps mit Nebenleistungen". Beim „bestimmenden Vertragstyp" gelten dessen Vorschriften auch für Nebenleistungen, sofern Leistungsstörungen daraus durch den bestimmenden Vertragstyp sachgerecht geregelt werden.

Gelten als Beispiel in einem Logistikvertrag die Lagerung als Hauptflicht und das Kommissionieren als Nebenpflicht des Logistik-Dienstleisters, handelt es sich um den „bestimmenden Grundtyp", da die gesamte Leistungsverpflichtung dem Lagerrecht unterliegt und dieses auch Leistungsstörungen aus den Nebenpflichten sachgerecht regelt. Gelten andererseits Lagerung und Montage als gleichwertige Leistungsverpflichtungen, z.B. beim Auswuchten von gelagerten Felgen, handelt es sich um einen „typengemischten Logistikvertrag". Für die Lagerung tritt hierbei das Lagerrecht und für die Montage das Werkvertragsrecht ein.[30] Aufgrund der Vertragsfreiheit kann über rechtlich verschiedenartige Leistungen ein einheitlicher Vertrag abgeschlossen werden.

Bei einem „typengemischten Logistikvertrag" werden einerseits die Elemente verschiedener gesetzlicher Vertragstypen (Speditions-, Lager-, Frachtvertrag) mit dem Werk- und Dienstvertrag auf der anderen Seite zu einer Einheit verbunden.

---

[28] Vgl. Steger (2009): 480-482.

[29] Vgl. Thonfeld TransSecure GmbH (2010): 4.

[30] Vgl. Thonfeld TransSecure GmbH (2010): 5-6.

Kommt es bei einzelnen Tätigkeiten zu Leistungsstörungen, sind die Regeln des Vertragstyps anzuwenden, für den die betreffende Leistung charakteristisch ist, z.B. Transportstörung → Frachtrecht. Einige Rechtsfolgen müssen jedoch einheitlich geregelt werden, so z.B. die Kündigung des Vertrages.[31]

Ziel eines Logistikvertrags sollte es sein, eine sinnvolle haftungsrechtliche Vereinheitlichung zu erreichen, denn aus den verschiedenen Vertragstypen ergeben sich unterschiedliche Haupt- und Nebenpflichten, sowie unterschiedliche gesetzliche Regelungen über die Frage des Schadensersatzes für Pflichtverletzungen. Die sich für beide Seiten ergebenden Schadenrisiken können nur durch verschiedenartige Versicherungen abgedeckt werden.[32]

In der Kontraktlogistik werden die Vertragsbedingungen durch die Fülle an logistischen Funktionen individuell ausgehandelt. Der Vertrag erreicht dabei ein erhebliches Geschäftsvolumen. Dies sollte sich, um für beide Parteien rentabel zu sein, im siebenstelligen Bereich in Millionen Euro auf die gesamte Vertragslaufzeit befinden. Laut Werkvertrag darf der Auftragnehmer nicht in die Betriebsorganisation des Auftraggebers eingegliedert werden, er hat das Werk nicht zwingend selbst zu erstellen, er muss eigene Arbeitsmittel zur Verfügung stellen und trägt dafür auch die Kosten und haftet für ihre Mängel. Eine notwendige Grundlage dafür ist eine vom Auftraggeber erstellte Leistungsbeschreibung. Als Gegenleistung schuldet der Auftraggeber eine erfolgsbezogene Vergütung, die nach §§ 640, 641 BGB mit der Abnahme des Werkes eintritt. Bei Risiken und Schadensfällen hat der Auftraggeber laut § 284 (Ersatz vergeblicher Aufwendungen), sowie laut §§ 635 bis 638 das Recht, eine Nacherfüllung zu erlangen, den Mangel auf Kosten des Unternehmers selbst beseitigen zu lassen, den Preis zu mindern oder vom Vertrag zurückzutreten.[33]

Das Wesen von Dienstleistungen die einem Dienstvertrag zuzuordnen sind, besteht darin, dass ein gewisser Zeitaufwand, verbunden mit einem bestimmten Fachwissen notwendig ist, um diese Aufgaben zu erledigen.

---

[31] Vgl. Thonfeld TransSecure GmbH (2010): 6-9.

[32] Vgl. Thonfeld TransSecure GmbH (2010): 6-7.

[33] Vgl. BGB; 2011; § 284 und §§ 635 bis 641.

Im Gegensatz zum Werkvertrag wird jedoch kein konkreter Erfolg geschuldet. Dem Dienstvertrag unterliegen logistische Zusatzleistungen wie Preisauszeichnung, Regalservice oder dem Beifügen von Montageanleitungen.[34]

Bei einem Service-Level-Agreement kann es sich, in Abhängigkeit davon, auf welcher Grundlage und zwischen welchen Parteien es abgeschlossen wird, entweder um:

- Eine Willen- bzw. Absichtsbekundung ohne rechtliche Bindung handeln, wobei bestimmte Dienstleistungen vereinbarungsgemäß erbracht werden und ein Einklagen der darin enthaltenen Bestimmungen vor einem ordentlichen Gericht nicht möglich ist oder sich um

- einen rechtskräftigen Vertragsbestandteil handeln. Dabei handelt es sich um eine, in gegenseitigem Einvernehmen zwischen beiden Rechtsubjekten, abgeschlossene Übereinkunft, die ein rechtskräftig einklagbares Schuldverhältnis definiert.[35]

Für den Fall, dass es sich bei einem SLA um einen rechtkräftigen Vertrag handelt, kann diese Form der Vereinbarung auch als Sonderform eines Vertrages eingestuft werden. Bei einem SLA handelt es sich nicht um eine bestimmte, bereits vom Gesetz her definierte Vertragsart, so wird es im BGB auch nicht wie die anderen Vertragsarten aufgeführt. Da sie nicht als alleinstehende vertragliche Regelung gelten, sondern als Einordnung in ein Vertragswerk, können sie einem Rahmenvertrag, in Bezug auf die AGBs zugeordnet oder aber als Anhang zu einem alleinstehenden Einzelvertrag beigefügt werden. Sie haben i.d.R. Vorrang gegenüber Regelungen in der Rahmenvereinbarung bzw. AGBs, da SLAs eine bestimmte Leistungserbringung variabel im Detail regeln.[36]

Da es sich in SLAs um eine Regelung von Dienstleistungen handelt, kommt dessen Einordnung des Weiteren nur in einen Dienst- oder Werkvertrag in Frage.

---

[34] Vgl. Thonfeld TransSecure GmbH (2010): 15.

[35] Vgl. Schrey J. (2000): 153.

[36] Vgl. logistik-heute (2012).

Da es auf der einen Seite schwierig ist, für zahlreiche Dienstleistungen ein zu erstellendes „Werk" zu definieren und abzugrenzen, würde sich hier der Dienstvertrag anbieten. Andererseits wird der Erfolg der erbrachten Dienstleistungen durch die Einhaltung bzw. Nichteinhaltung der im Service-Level-Agreement vereinbarten Service-Level (auf die in Kapitel 2.4 eingegangen wird) objektiv überprüfbar und somit wäre der Werkvertrag auch möglich.[37]

Da die Einstufung eines Logistikvertrages einschließlich SLAs in einen Werk- oder Dienstvertrag letztendlich von dessen Inhalten abhängt, kann an dieser Stelle keine abschließende Antwort auf die Einordnung eines SLAs bezüglich beider Varianten gegeben werden.

Um durch den Logistikvertrag von Vornherein eine optimale Zusammenarbeit zu generieren, sollten sich beide Parteien im Vorfeld und bei den Vertragsverhandlungen Klarheit und Gewissheit über die Schadensrisiken und deren Rechtsfolgen verschaffen. Sie sollten sich einigen, wer welche Risiken trägt und gegebenenfalls versichert.[38] Insbesondere in den Bereichen, die durch das Gesetz nicht erfasst werden, sollten beiderseitige Pflichten und typische Problemkreise sorgfältig geregelt werden.[39] Es ist weiterhin sinnvoll, wenn beide Vertragspartner den geplanten Logistikvertrag vor dessen Wirksamwerden durch Ihre Versicherungsmakler prüfen lassen, um den notwendigen Versicherungsschutz herstellen zu lassen.[40]

2.3 Inhalte und Aufbau von Service-Level-Agreements

In der Zusammenarbeit zwischen Servicenehmer und Servicegeber stellen der Rahmenvertrag und die Preisliste die Mindestanforderung an eine Reglung der Zusammenarbeit dar (siehe Abbildung 6).[41] Der Einsatz von Service-Level-Agreements, so Dr. H. Gerking, ist dagegen immer noch selten. Die meisten Probleme in der Zusammenarbeit entstehen durch ein Fehlen der SLAs, so Gerking weiter. Dieser Aussage soll in der vorliegenden Arbeit in Kapitel 3, der empirischen Untersuchung des Sachverhalts, detailliert nachgegangen werden.

---

[37] Vgl. Schrey J. (2000): 155 ff.

[38] Vgl. Thonfeld TransSecure GmbH (2010): 11.

[39] Vgl. Dälken (2012).

[40] Vgl. Thonfeld TransSecure GmbH (2010): 17.

[41] Vgl. Gerking (2011): 1.

An dieser Stelle soll dargestellt werden, wie ein Logistikvertrag, einschließlich vereinbarter Service-Level-Agreements, konkret aufgebaut sein kann und die vier Bestandteile Rahmenvertrag, Service-Level-Agreement, Prozessbeschreibung und Preisliste näher erläutert werden (siehe Abbildung 7).

Hierbei soll darauf hingewiesen werden, dass die nähere Beschreibung eines Logistikvertrages ausschließlich einen Vorschlag zur Umsetzung und Erstellung bildet und nicht bindend ist. Wie bereits in Kapitel 2.2 beschrieben, besteht durch die Individualität der vereinbarten Dienstleistungen kein Regelwerk für die Erstellung eines Logistikvertrages sowie für Service-Level-Agreements.

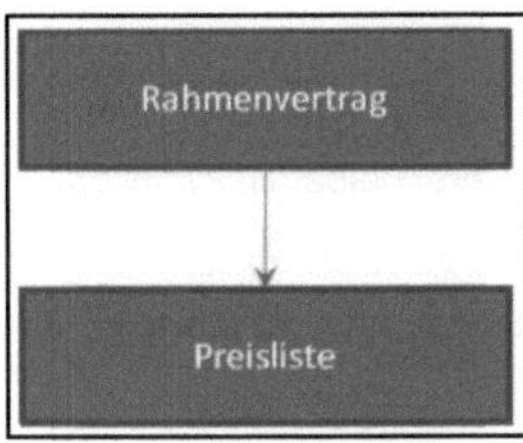

Abb. 6: Mindestanforderung an einen Logistikvertrag

Quelle: Gerking (2011): 1.

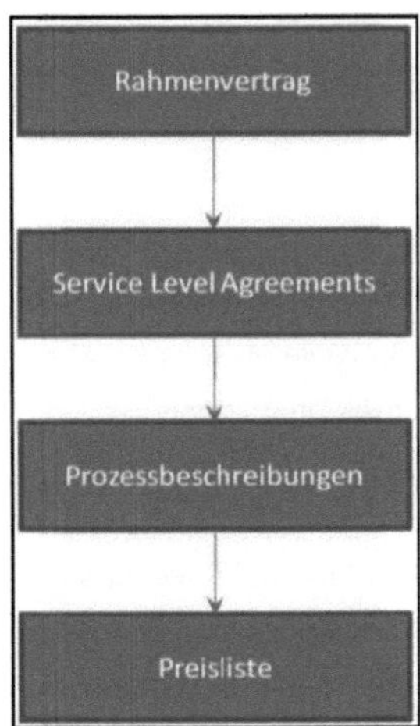

Abb. 7: Logistikvertrag einschließlich Service-Level-Agreements

Quelle: Gerking (2011): 1-2.

In einem **Rahmenvertrag** werden grundsätzlich die Mengen und ein Zeitrahmen für die Abnahme einer Dienstleistung vereinbart. Rahmenverträge bieten den Vorteil, dass durch die Abnahme größerer Mengen, der Verlader im Normalfall einen niedrigeren Preis erzielen kann und dem Dienstleister Sicherheit beim Absatz und der Planung gewährleistet wird. Des Weiteren fixieren Rahmenverträge Aspekte der Zusammenarbeit, wie Grundhaltungen und Interessenslagen, die in der Präambel festgehalten werden. Dies trägt zu einer Vermeidung späterer Rechtsstreitigkeiten bei. Um für beide Seiten größtmögliche Sicherheit zu garantieren, werden hier des Weiteren meist die Liefer- und Abnahmepflichten, im Sinne eines partnerschaftlichen Interessensausgleichs formuliert.[42]

Das SLA gilt als der Kernbereich des Vertrages und sollte daher auch mit der notwendigen Sorgfalt ausgearbeitet werden. *Schrey* unterscheidet SLAs in zweierlei Hinsicht:[43]

- SLAs im engeren Sinn, sofern das SLA ausschließlich die zu erbringende Qualität der Dienstleistung festlegt, und
- SLA im weiteren Sinn, sofern in dem SLA neben der Qualität ebenfalls Inhalt und Kosten der Dienstleistung geregelt werden.

Eine genaue Leistungsbeschreibung gilt als Basis für eine solide Geschäftsbeziehung und sollte so definiert werden, dass alle Beteiligten, auch die, die bei den Vertragsverhandlungen nicht teilgenommen haben, ein gemeinsames Verständnis für die Aufgaben und Verantwortungsbereiche des Servicenehmers und Servicegebers aufbringen können.

Insbesondere dann, wenn einzelne Leistungen teilweise oder ganz wegfallen können oder sich die Form der Zusammenarbeit grundlegend ändern kann, sollten pro Bereich eigene SLAs abgeschlossen werden. So variieren beispielsweise Aufgaben und Anforderungen an die Beschaffungslogistik grundlegend von denen der Distributionslogistik.

SLAs sollten grundsätzlich vom Auftraggeber erstellt werden. Nur er kennt seine Anforderungen bzw. die seiner Kunden und nur er kann sicherstellen, dass diese auch vollständig und klar beschrieben werden. Genauso verhält es sich mit der Messung der Leistung, die regelmäßig überwacht werden sollte. Diese Aufgabe

---

[42] Vgl. Gerking (2011): 1-2.

[43] Vgl. Schrey (2003): 157.

kann intern durch die Controlling-Abteilung geregelt werden, aber auch fremd vergeben werden. Nur sollte man nicht den Fehler machen, und die Überwachung der Einhaltung der Leistungen an den Logistik-Dienstleister übergeben. Um zu vermeiden, dass bei mehreren vereinbarten SLAs Leistungen doppelt beschrieben oder auch vergessen werden, gilt es detailliert aufzuführen, auf welche Produktgruppe, auf welchen Aufgabenbereich, welchen Standort oder welche Leistungen sich diese Vereinbarung genau bezieht. Des Weiteren sollte ein Verlader nicht nur die Aufgaben und Verantwortungen des Auftragnehmers beschreiben, sondern genauso ausführlich seine eigenen im Vertragswerk darstellen. Eine 100% fehlerfreie Leistung verursacht meist einen hohen Aufwand und somit oft hohe Kosten.

Dadurch hat sich eingebürgert, dass ein Serviceniveau vereinbart wird, dass einerseits die Kosten auf Dienstleisterseite im Rahmen hält und andererseits vom Auftraggeber akzeptiert wird. Sogenannte Pönalen oder Strafkosten werden dann fällig, wenn das festgelegte Niveau sinkt. Die Pönale sollten für den Dienstleister so hoch sein, dass sie eine abschreckende Wirkung haben, nicht so hoch sein, dass dadurch die Existenz des Dienstleisters gefährdet ist und für den Verlader so hoch sein, dass er damit seine Kosten für die Beseitigung des Mangels abdecken kann. Eine in der Praxis häufig angewandte Methode der Pönale ist eine „Bonus-Malus-Regelung". Dabei wird nicht nur bei einer Minderleistung ein Pönale fällig, bei einer Besserleistung erhält der Dienstleister einen Bonus.

Klassische Kennzahlen, die die in einer Partnerschaft zwischen Auftraggeber und Auftragnehmer vereinbart werden sind Reklamationsquoten, Anzahl der fehlerfreien Kommissionierungen an der Gesamtanzahl, Liefertreue, Bestandsdifferenzen oder Durchlaufzeiten von Aufträgen. [44]
Als Beispiel aus der Praxis soll hier das Bonus/Malus-System der BSN Glasspack GmbH & Co. KG dienen. Dabei führt der Auftraggeber nach einer Frist von sechs Monaten nach Beginn der operativen Tätigkeit des Auftragnehmers ein Bonus-/Malus System ein, das die Erfüllung der vereinbarten Leistungsanforderungen bewertet. Diese Bewertung erfolgt monatlich.
Überschreitet der Auftragnehmer die Leistungsanforderung, zahlt der Auftraggeber einen Bonus auf die Rechnung des entsprechenden Monats.
Unterschreitet der Auftragnehmer die Leistungsanforderungen in zwei aufeinander folgenden Monaten, hat der Auftraggeber das Recht, die Rechnungen vom

---

[44] Vgl. Miebach Consulting Gmbh (2009): 21.

zweiten Monat an zu kürzen (siehe hierzu Tabelle 1).[45] Für den nach der Bonus/Malus-Regelung zu verringernden bzw. zu erhöhenden Betrag, wird die Summe aller Vergütungen pro Monat, die für die regulären nach diesem Vertrag zu erbringenden Leistung vom Auftraggeber geschuldet werden, zugrunde gelegt. Ein Bonus wird nur gewährt, wenn alle Anforderungen an den Auftragnehmer zumindest erfüllt sind. Die Höhe des Bonus bzw. Malus ergibt sich aus der folgenden Tabelle 1.[46]

Service Level	Bonus / Malus
100,00%	2,0%
= 99,70%	1,5%
= 99,40%	1,0%
= 99,10%	0,5%
98,80 %	0,0%
= 98,55%	-0,5%
= 98,30%	-1,0%
= 98,05%	-1,5%
= 97,80%	-2,0%

Tabelle 1: Berechnung der Höhe des Bonus bzw. Malus
Quelle: Kelber (2003): 27.

In der Praxis wird ein Bonus jedoch häufig diskutiert, da nicht einzusehen ist, warum für eine Mehrleistung, die vom Kunden des Auftraggebers nicht honoriert wird, höhere Preise gezahlt werden sollen. Andererseits hat immerhin fast die Hälfte aller Befragten Verlader (46%) im Jahr 2009 einem vereinbarten Bonus/Malus-System zugestimmt. Auf Seiten der Dienstleister war es deutlich weniger mit 29% (siehe Abbildung 8).[47]

---

[45] Anmerkung: Die Leistungsanforderungen beziehen sich auf die vereinbarten Leistungskennzahlen sowie der Einhaltung der Service-Level (siehe Kapitel 2.4).

[46] Vgl. Kelber (2003): 27.

[47] Vgl. Miebach Consulting Gmbh (2009).

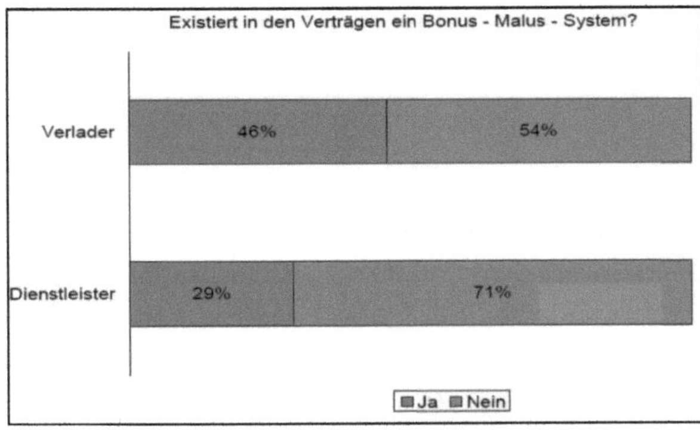

Abb. 8: Einführung eines Bonus/Malus-Systems

Quelle: Miebach Consulting Gmbh – Outsourcing Studie 2009
(2009): 21.

Ein weiterer wichtiger Punkt eines SLAs ist der vereinbarte Punkt der Kündi-
gungsmöglichkeiten. Insbesondere dann, wenn zwischen Verladern und Dienstleistern mehrere Vereinbarungen für unterschiedliche Dienstleistungen getroffen
wurden, muss vertraglich festgehalten werden, dass nicht nur der Rahmenvertrag
an sich, sondern auch einzelne Service-Level-Agreements kündbar sind. Dabei
ist in jedem Falle auf die Übereinstimmung von Kündigungsterminen zu achten.
Andernfalls kann es dazu führen, dass der Rahmenvertrag länger läuft als die
Service-Level-Agreements und umgekehrt. Bei der Definition von Fehlern ist zu
klären, wie man mit ihm umgeht bzw. was in einem Wiederholungsfall passiert.
Als mögliche Maßnahmen können eine Ermahnung, Abmahnung, Konventionalstrafen und sogar die Kündigung festgelegt werden.[48]

Konventionalstrafen werden ausdrücklich vertraglich im SLA geregelt. Sie sollten
allerdings nicht übermäßig hoch ausfallen, sondern sich üblicherweise auf eine
Monatsgebühr beschränken und eine adäquate Entschädigung für den Auftraggeber darstellen. Dabei ist des Weiteren Voraussetzung, dass die Erfüllungskos-
ten des Servicegebers kleiner sind als die Höhe der Konventionalstrafe. Für den
Auftraggeber haben Konventionalstrafen den Vorteil, dass eine einfache Entschädigung bei Mängeln der Dienstleistung eintritt.[49]

---

[48] Vgl. Steger (2008): 481-484.

[49] Vgl. logistik-heute (2012).

Nachdem die beiden Vertragsinhalte Rahmenvertrag und Service-Level-Agreements nun ausführlich beschrieben wurden, folgen die beiden anderen Vertragsbestandteile eines Logistikvertrags einschließlich SLAs, die **Prozessbeschreibung** und die **Preisliste.**

Während einerseits der Abschluss von Service-Level-Agreements dringend empfohlen wird, ist die Berücksichtigung von **Prozessbeschreibungen** vom Einzelfall abhängig. Es ist dem Verlader vorbehalten, inwieweit er dem Dienstleister vorschreibt, wie dieser seine Prozesse strukturiert und abwickelt. Eine zu tiefe Integration in die Abläufe, kann sich negativ auf die Arbeit des Dienstleisters auswirken und zu Mehrkosten führen. Andererseits kann es jedoch notwendig sein, eine genau definierte Reihenfolge von Arbeitsschritten einzuhalten, beispielsweise wenn der Dienstleister das EDV-System des Auftraggebers nutzt. In diesem Fall wären Abweichungen indiskutabel, weil sie gegebenenfalls Fehlbuchungen und Bestandsdifferenzen nach sich ziehen würden. Sollte es zum Datenaustausch zwischen beiden Parteien kommen, sind in der Prozessbeschreibung die Dokumentenformate zu beschreiben sowie die Häufigkeiten und Termine zu definieren. Für den Dienstleister haben Prozessbeschreibungen den Vorteil, dass er sich gegenüber seinem Auftraggeber dahingehend absichern kann, dass die Prozesse mit ihm abgestimmt sind.
Weiterhin kann er leichter argumentieren, warum eine Veränderung der Prozesse auch zu einer Preisveränderung führt. Saisonale Schwankungen sowie ein stark wachsendes Geschäft auf Servicegeberseite, veranlassen den Verlader, die Bandbreite genau zu definieren innerhalb dessen bestimmte Preise gelten. Außerhalb dieser Bandbreite kommt es zu ungewollten sprungfixen Kosten. Der Auftraggeber hat des Weiteren die Möglichkeit, in der Preisliste die Zu- bzw. Abschläge anzugeben, die bei Verlassen des Gültigkeitsbereichs fällig werden.

Die **Preisliste** sollte bei jedem Vertragsabschluss immer komplett ausgetauscht werden, auch wenn sich nur einzelne Positionen bezogen auf den gleichen bzw. bei einem Dienstleistern ändern. Diese sollten immer aufwandsbezogen sein.[50]
Da sich selten alle Sonderfälle und Varianten einer Abwicklung in einer Preisliste darstellen lassen, empfiehlt es sich, eine „Logistische Sonderpreisliste" einzuführen und diese regelmäßig zu ergänzen.[51]

---

[50] Vgl. Gerking (2011): 1-8.

2.4 Die Performanz-Messung des Logistik-Dienstleisters

Mit dem Übergang vom Industrie- zum Informationszeitalter sehen sich Unternehmen einer zunehmend komplexen und dynamischen Unternehmensumwelt gegenüber. Ursachen für einen immer stärker werdenden Konkurrenzkampf im wirtschaftlichen Umfeld sind unter anderem die Globalisierung, der Wegfall von Handelsbeschränkungen, die Zusammenschlüsse von Wettbewerbern, immer kürzer werdende Produktlebenszyklen und nicht zuletzt die hohen Anforderungen der Kunden an die Produkte und Dienstleistungen.[52]

Um dem stetig ansteigenden Konkurrenzdruck standzuhalten, sehen sich Unternehmen gezwungen, ständig neue Ideen und Strategien zu entwickeln, um sich somit einen vermeintlichen Wettbewerbsvorteil zu erreichen. Doch häufig scheitert die erfolgreiche Umsetzung der Strategie an der mangelnden Verknüpfung mit dem operativen Tagesgeschäft. Im Laufe der letzten zwei Jahrzehnte brachte die Betriebswirtschaft viele Konzepte und Initiativen zur Leistungsverbesserung von Unternehmen hervor. So auch die „Balanced Scorecard", in dessen Mittelpunkt immer die Unternehmensstrategie steht. Dadurch wird das Unternehmen aus den vier verschiedenen Perspektiven der Finanzperspektive, der Kundenperspektive, der Perspektive der internen Prozesse und der Lern- und Entwicklungsperspektive betrachtet.

Anhand dieses Werkzeugs wurde mittels vereinbarter Kennzahlen und der Überwachung der Kennzahlen, eine transparente Verknüpfung zwischen Strategie und Tagesgeschäft geschaffen, mit der es möglich wurde, interne und externe Unternehmensprozesse sukzessiv zu optimieren.[53] Diese Art der Unternehmenssteuerung gewann auch in der Kontraktlogistik immer mehr an Bedeutung, da sich auch Industrieunternehmen und Logistik-Dienstleister der Herausforderung stellen mussten, Prozesse gleichzeitig flexibel und nachhaltig zu gestalten. Nachdem viele Industrieunternehmen und Logistik-Dienstleister in der Vergangenheit ihren Fokus überwiegend auf Finanz- und Leistungsdaten gestützt haben, steht seit einigen Jahren die Qualitätsüberwachung der Verlader im Vordergrund.

---

[51] Vgl. Gerking (2011): 1.

[52] Vgl. Kaplan, Norton (1997): 2.

[53] Vgl. Kaplan, Norton (1997): 2-6.

Die Logistik hat heute den Anspruch, als elementarer Service- und Qualitätsbaustein im Leistungsversprechen zu gelten.[54]

Eine der wichtigsten Komponenten eines Service-Level-Agreements mit dem Logistik-Dienstleister bilden die vereinbarten Kennzahlen zur Steuerung und Überwachung des Tagesgeschäfts. Diese Kennzahlen werden in Literatur und Praxis häufig als „Key-Performance-Indicators" oder „Key-Performance-Indikatoren" (KPIs) bezeichnet und werden im Logistikvertrag mit dem Dienstleister für gewöhnlich im vereinbarten SLA unter dem Punkt „Qualität" aufgeführt oder aber gelten als Bestandteil der angesprochenen „Balanced Scorecard".[55]

Mit Hilfe der Key-Performance-Indicators, die sich auch aus einzelnen Kennzahlen zusammen setzen können, hat das Management im Kontraktverhältnis die Möglichkeit, die Leistung von Prozessen objektiv zu messen und dadurch einen kontinuierlichen Verbesserungsprozess (KVP) zu steuern. Indem die vorgegebenen Unternehmensziele auf der Basis von Indikatoren mit den Ist-Werten aus dem operativen Prozess verglichen werden, liefern sie Informationen über den Fortschritt oder den Erfüllungsgrad hinsichtlich wichtiger Zielsetzungen oder kritischer Erfolgsfaktoren und ermöglichen es, einzelne Projekte oder Abteilungen auf ihre Effektivität oder Wirtschaftlichkeit hin zu untersuchen. Somit können komplexe, betriebswirtschaftliche Sachverhalte vereinfacht und als Zahlen kenntlich gemacht werden, um mögliche Vergleiche bei ähnlichen oder gleichen Unternehmensabläufen anzustellen (Benchmarking).[56]

Schietinger [2011] sagt, dass beim Einsatz von KPIs auf eine gewisse Ausgewogenheit an Kennzahlen geachtet werden sollte, und dass eine einseitige Betrachtung, z.B. auf finanzielle KPIs, insbesondere im operativen Bereich der Logistik, deutlich zu kurz greift. Weiterhin beschreibt er, dass *„neben Kostenkennzahlen auch ganz klar Struktur-, bzw. Profil-, Service-, Qualitäts- und Produktivitätskennzahlen gefragt"* sind.[57] Damit hat er sicherlich Recht, nur hat sich in der Praxis, wie im späteren Kapitel 3.4.4 „Methoden und Instrumente zur Steuerung des Tagesgeschäfts" ersichtlich, der Fokus auf die Prozess-, Kosten- und Qualitätskennzahlen durchgesetzt.

---

[54] Vgl. Draxler (2008): 11.

[55] Vgl. Grothe (2003): 1.

[56] Vgl. Krause/Arora (2009).

[57] Vgl. Schietinger (2011): 26.

Beim Einsatz von KPIs wird unterstellt, dass die Leistungsfähigkeit von Organisationen oder Organisationseinheiten, bezogen auf die Zielerreichung (Performance) mit relativ wenigen Kennzahlen (Key = „Schlüssel-Kennzahlen") gemessen werden kann.[58] Die Gefahr ist groß, dass man versucht, möglichst viele Kennzahlen zur Steuerung des Tagesgeschäfts einzusetzen, um aussagefähig zu sein. Doch besteht zweifelsohne das Risiko, den Überblick über die KPIs und ihre Funktionen zu verlieren.

Schietinger [2011] geht von einer optimalen Anzahl von 15 bis 20 ausgewählten Kennzahlen aus und beschreibt, dass bei der Neueinführung von KPIs stets überlegt werden sollte, ob dafür nicht andere gestrichen werden können.[59] Dabei sollten auch nur die Prozesse mit KPIs belegt werden, die relevant für den Output des Logistik-Dienstleisters ist.[60]

Alle Kennzahlen sollten regelmäßig, z.B. monatlich, erhoben und geeignet graphisch aufbereitet werden, um ihre Entwicklung bewerten zu können. Zu jeder Kennzahl gehören abgestimmte Zielvorgaben bzw. Planzahlen, die Maßstab für die Interpretation bzw. Bewertung sind. Sie erlauben die Identifikation von Handlungsbedarfen und eine Priorisierung von Maßnahmen.[61]

Das folgende Beispiel der Quehenberger Logistics GmbH (Abbildung 9) zeigt den KPI „Liefertage". Dabei bildet die X-Achse den Zeitverlauf und die Y-Achse die Kennzahl. Die grüne Linie zeigt das Unternehmensziel von einem Liefertag und die rote Linie die aktuelle Performance an Liefertagen im Durchschnitt im Monat. Unter einem Liefertag versteht man den Zeitraum zwischen Bestellungseingang und dem Eintreffen der Ware beim Kunden. Dabei sieht man die einzelnen Schwankungen im Zeitraum von Juni 2007 bis November 2008 und es ist leicht ersichtlich, dass zu keinem Zeitpunkt das Ziel eingehalten wurde, der Wert jedoch nicht gravierend überschritten wurde.

---

[58] Vgl. Schietinger (2011): 25.

[59] Vgl. Schietinger (2011): 26.

[60] Vgl. Mühlencoert (2012).

[61] Vgl. Kelber (2003): 30.

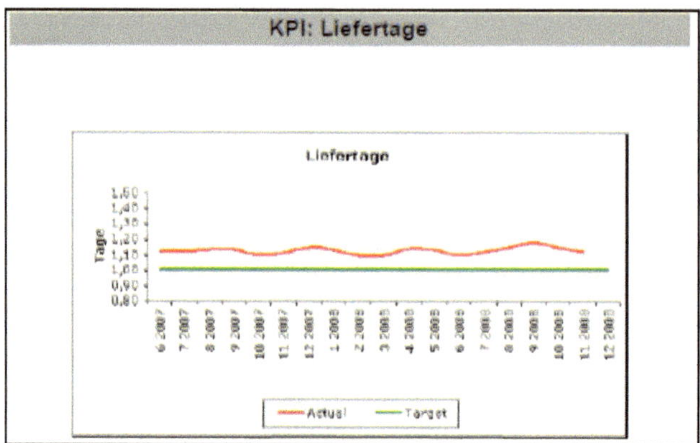

Abb. 9: Kennzahl „Liefertage"

Quelle: Einbock (2011): 25.

Abbildung 10 zeigt dagegen den vereinbarten Service-Level „Lieferzeit". Demnach wurde im bereits beschriebenen Zeitraum ein Service-Level-Ziel bzw. Zielerreichungsgrad von 99,5% stets unterschritten und jeweils eine durchschnittliche Performance von 97,5% bis 99% der vorgegebenen maximalen 2 Tage Lieferzeit erreicht.[62]

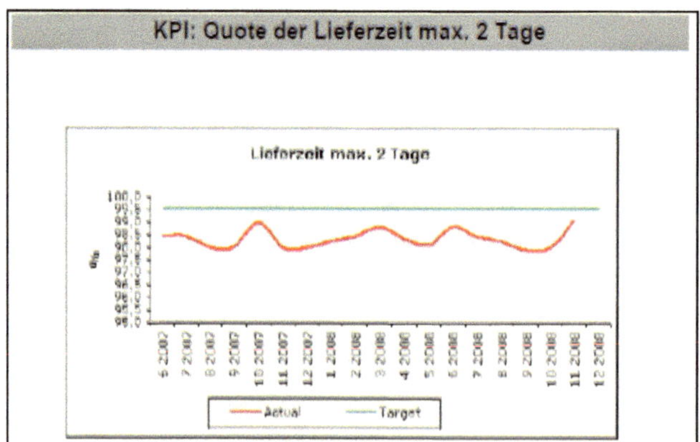

Abb. 10: Service-Level „Lieferzeit (max. 2 Tage)"

Quelle: Einbock (2011): 25-26.

---

[62] Vgl. Einbock (2011): 25-26.

Die Festlegung von Service-Level unterliegt unabdingbaren Regeln. Demnach sollten unklare Begriffe für alle Beteiligten auf Auftraggeber- sowie Auftragnehmer-Seite vermieden werden. Es müssen einerseits die richtigen Kennzahlen definiert und andererseits müssen diese auch richtig definiert werden.

Es ist der Zeitraum festzulegen, auf den sich eine Qualitätsmessung bezieht. Die Angabe von Mittelwerten sollten des Weiteren auf ihre Richtigkeit stets untersucht werden, da hierbei die gesamte Prozesskette betrachtet werden muss. Ein über einen längeren Zeitraum erfasster Mittelwert sagt oft nichts über Schwankungen, denen die Leistung unterworfen ist, aus. Wird als Beispiel zwischen Industrieunternehmen und Logistik-Dienstleister ein Qualitätsniveaus von 98% definiert und die Leistung sinkt in den letzten Wochen vor Weihnachten auf 75% ab, so ergibt sich im Jahresdurchschnitt immer noch ein Service-Level von 96%, was auf den ersten Blick für den Auftraggeber annehmbar erscheint, zeigt allerdings nicht auf, dass dieser im Weihnachtsgeschäft erhebliche Einbußen zu verzeichnen hat.

Berechnung: [63]

$$\underline{\text{Service-Level} * \text{Liefertage}} = \text{Service-Level gesamt}$$
$$\text{Liefertage}$$

$$\frac{0{,}98 * 230 + 0{,}75 * 20}{250} = 0{,}9616$$

2.4.1 Die Anforderungen an die Key-Performance-Indicators

Generell sollten an Key-Performance-Indikatoren einige wichtige Anforderungen gestellt werden, um häufige Fehler aus der Praxis zu vermeiden (siehe nachstehende Abbildung 11).

So gaben laut einer Befragung der Dangelmayer & Seemann GmbH unter Industrieunternehmen 50% der befragten Unternehmen an, dass einerseits eine fehlende Kennzahlenstrategie und andererseits unzureichend definierte Anforderungen zu Fehlern bzw. zum möglichen Scheitern von Kennzahlen-Projekten führen.

---

[63] Vgl. Gerking (2011): 4-6.

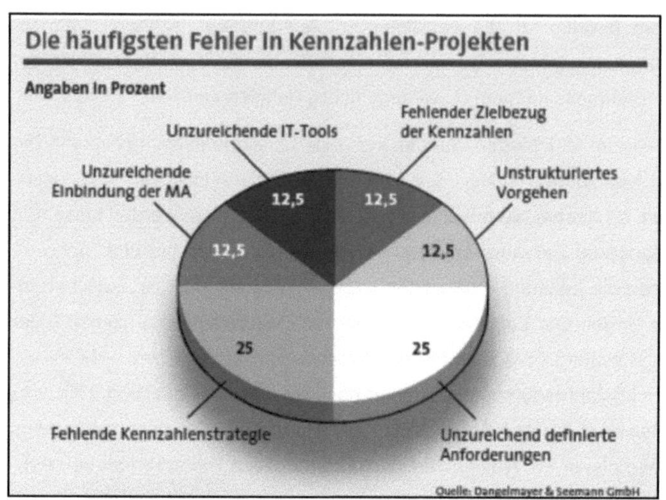

Abb. 11: Die häufigsten Fehler in Kennzahlen-Projekten (Stand 2008)[64]
Quelle: Draxler (2008): 11.

Jeweils 12,5% der Befragten gaben ein unstrukturiertes Vorgehen im Projekt, ein fehlender Zielbezug, unzureichende IT-Tools zur Messung der KPIs und eine unzureichende Einbindung der Mitarbeiter an.[65]

Kennzahlen müssen Ziel- und Toleranzwerten zugeordnet werden, um die Zielerreichung oder Zielverfehlung der jeweiligen Prozesse messen zu können.[66] In klassischer Hinsicht werden aus strategischen Unternehmenszielen operative Ziele für einzelne Bereiche im Unternehmen abgeleitet.

Wurde beispielsweise Marktwachstum als strategisches Ziel definiert, so könnte ein daraus abgeleitetes operatives Ziel sein, dass alle eingehenden Kundenaufträge mit einer Quote von mindestens 95% auch am gleichen Tag versandt werden. Somit kann der KPI gemessen und eine Zielerreichung oder Zielverfehlung dokumentiert werden.

---

[64] Die Quelle bezieht sich ausschließlich auf Industrieunternehmen, gibt jedoch keinen Hinweis über die Anzahl der an der Befragung teilnehmenden Unternehmen.

[65] Vgl. Draxler (2008): 11.

[66] Vgl. Mühlencoert (2012).

Die nachfolgende Abbildung 12 zeigt, welchen Einfluss strategische Unternehmensziele auf die operativen Ziele eines outgesourcten Lagers haben.

Abb. 12: Zusammenhang strategischer und operativer Ziele

Quelle: Schietinger (2011): 26.

Die bereits benannten Service-Levels (als Beispiel unten rechts in Abbildung 12)
zeigen die Quoten, die der Zielerreichung des Unternehmens dienen. Diese werden, je nach Vereinbarung mit dem Logistik-Dienstleister, gemessen, kontrolliert
und an die beteiligten Abteilungen, Bereiche und Unternehmen berichtet.
Dadurch sollen Handlungsbedarfe ermittelt und Maßnahmen eingeleitet werden,
die wiederum auch an den Dienstleister kommuniziert werden.[67]

Das ist der Grund, warum KPIs einen ganz wesentlichen Bestandteil von Service-
Level-Agreements darstellen und sie gleichzeitig die Basis, sowie einen wichtigen
Inhalt des Service-Level-Reportings bilden.[68]
Es sollte ermittelt werden, welchen Informationsbedarf es gibt und welche Datenbasis für diesen Zweck zur Verfügung steht. Dabei ist von äußerster Wichtigkeit,
dass immer eine einheitliche Datenbasis bzw. Datenquelle für die Berechnung
der KPIs herangezogen wird.

---

[67] Vgl. Schietinger (2011): 25-28.

[68] Vgl. Schietinger (2011): 25-28.

Sollte es zu Veränderungen dieser Datenbasis kommen, sei dies notwendig oder nicht, muss dies stets nachvollziehbar dokumentiert werden. Die Korrektheit, sowie die ständige Verfügbarkeit der Kennzahlen bzw. die für die Bildung der KPI benötigten Daten, müssen jederzeit gewährleistet sein. Um Mängeln bei der Datenqualität entgegenzuwirken, ist darauf zu achten, dass die KPIs für die Steuerung des Outsourcings und für die Unterstützung des Managements bei seinen Führungsaufgaben geeignet sind.[69]

Sollten die für die KPI-Bildung erforderlichen logistischen Kennzahlen nicht stets verfügbar sein, muss gewährleistet sein, dass sie ohne großen Aufwand ermittelbar sind. Weiterhin müssen Verantwortliche für die Erhebung und Erfassung der Kennzahlen auf Auftraggeber-Seite bestimmt werden und diese auch für den Logistik-Dienstleister verständlich im Hinblick auf Zusammensetzung und Kalkulation der einzelnen Kennzahlen sein.[70]

KPIs sollten sowohl für die operative Steuerung des Tagesgeschäfts, als auch für logistische Basisentscheidungen herangezogen werden können. So sollte eine Steigerung der Anzahl der Aufträge und Auftragspositionen in einem Lager, über einen längeren Zeitraum Aussage darüber geben können, inwiefern es im Hinblick auf den Personaleinsatz sinnvoll wäre, Aushilfskräfte einzusetzen, eine weitere Schicht einzuführen oder aber die Investition in neue Technologien zu begründen und zu stützen.

Dabei haben KPIs keinen Selbstzweck, sondern sollen lediglich zu Konsequenzen im Hinblick auf die Erreichung der vorher vereinbarten und definierten Ziele dienen. Üblicherweise wird bei der Erstellung von KPIs nach dem Top-Down- und dem Bottom-Up-Prinzip unterschieden (siehe Abbildung 13).[71]

Nach dem Top-Down-Ansatz werden, ausgehend von der strategischen Ausrichtung des Unternehmens, strategische Logistikziele formuliert und daraus abgeleitet KPIs festgelegt. Der Bottom-Up-Ansatz leitet KPIs aus den operativen Prozessen ab. Im Idealfall entsteht ein KPI-System, indem strategische und operative Kennzahlen miteinander verknüpft werden.

---

[69] Vgl. Mühlencoert (2012).

[70] Vgl. Mühlencoert (2012).

[71] Vgl. Schietinger (2011): 25-28.

Dabei sollte des Weiteren darauf geachtet werden, dass beide Teile quantitativ und qualitativ gleichermaßen vertreten sind.[72]

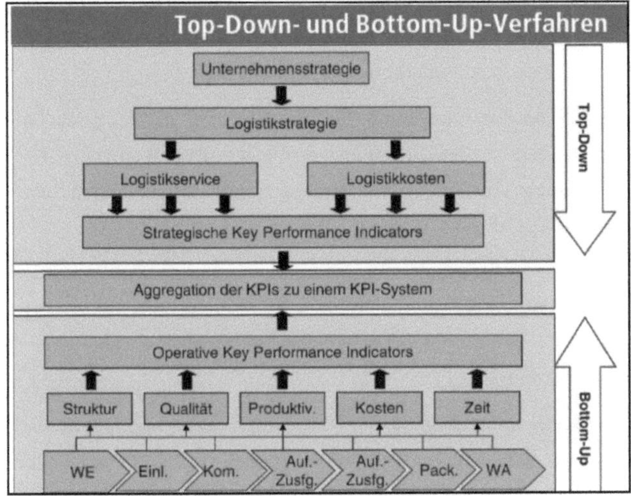

Abb. 13: Top-Down und Bottom-Up-Verfahren[73]

Quelle: Schietinger (2011): 29.

Die Fülle der verschiedenen Bereiche eines Unternehmens bedingt gleichzeitig auch unterschiedliche Perspektiven und Prioritäten, was die KPIs betrifft. So sind nicht nur aus den verschiedenen Logistikabteilungen, wie Wareneingang oder der Kommissionierung verschiedene Kennzahlen zu generieren, sondern auch für die einzelnen Abteilungen eines Unternehmens. So benötigt die Marketingabteilung sicherlich andere Kennzahlen, wie beispielsweise Marktanteil oder Image, als das Rechnungswesen, das mit Größen wie der Rentabilität oder der Kostendeckung arbeitet.[74]

Bei der Erstellung eines Kennzahlenkonzeptes ist die genaue Analyse des Sachverhalts von Nöten. So stellt sich neben den Unternehmensbereichen die untersucht werden sollen auch die Frage, welche Aussagekraft jede einzelne Kennzahl hat bzw. ob jeder Kennzahl eigene Prioritäten zugewiesen werden müssen.

---

[72] Vgl. Schietinger (2011): 28.

[73] Vgl. Schietinger (2011): 29.

[74] Vgl. Krause/Arora (2009).

Weiterhin muss in Betracht gezogen werden, ob zwischen den einzelnen Kennzahlen bzw. KPIs Abhängigkeiten bestehen, die bei der Erhebung berücksichtigt werden müssen. Da nicht alle Kennzahlen ständig aktuell verfügbar sein müssen, muss hinterfragt werden, wie oft die Kennzahlen erhoben werden sollten und in welcher Granularität die Kennzahlen erhoben werden müssen. [75]

Als dringend notwendige Voraussetzung für die Messung der aufgestellten Kennzahlen gilt eine zwischen den Organisationseinheiten abgestimmte Logistikkosten und –leistungsrechnung. Die Daten lassen sich dann für die nächst höhere Unternehmensinstanz verdichten.

Am Ende des Anwendungsprozesses der KPIs können verschiedene Ereignisse eintreten. Entweder es kann kein weiterer Bedarf für die Anwendung des Kennzahlensystems deklariert werden, dann bleibt es bei der einmaligen Entwicklung und Anwendung des Instruments.

Oder aber das Instrument kann ohne Modifikationsbedarf weiter angewandt werden. Diese Option sollte, wie eingangs beschrieben, nur in der Theorie stattfinden und in der Praxis nicht angewandt werden, da sich Prozesse, die sich auch nur im Detail ändern, einen großen Einfluss auf das Kennzahlensystem haben können. Von daher ist bei einer Neuausrichtung eines Kennzahlensystems stets von einem Modifikationsbedarf auszugehen. Dieser kann sich zum einen auf eine notwendige Veränderung des Leitungsteams durch eine veränderte Zusammensetzung der Netzwerkpartner beziehen, oder aber es können veränderte Zielsetzungen oder Abläufe eine Anpassung des Kennzahlensystems oder des Prozessmodells erforderlich machen.[76]

2.5 Ziele und Erwartungshaltung an den Einsatz von Service-Level-Agreements

Überraschend oft wird heutzutage, laut Literaturangaben, in der Praxis noch pauschal eine „maximale Qualität" gefordert bzw. es wird angenommen, dass Leistungen „mittlerer Art und Güte" zu erbringen sind. Solch derartige Leistungsstandards sind jedoch völlig unbrauchbar.

---

[75] Vgl. Draxler (2008): 11.

[76] Vgl. Giesa, Kopfer (2000): 43-53.

Zum einen ist nicht immer feststellbar, was im konkreten Fall ausreichende bzw. maximale Qualität ist und zum anderen wird gerade der Leistungsstandard „mittlerer Art und Güte" den Interessen gerade bei hochkomplexen Lieferketten nicht gerecht.[77] So hat der Auftraggeber seine eigenen projektbezogenen Ziele an den Einsatz von Service-Level-Agreements bzw. geht einer gewissen Erwartungshaltung nach, die er an den Logistik-Dienstleister hat, um die vereinbarten Service-Level zu erreichen.

Die anstehenden Ziele und Erwartungshaltungen an die Vertragsgestaltung und das Tagesgeschäft sind ausschließlich Vorschläge und gelten für beide Parteien als mögliche „Hilfestellungen" bei der Vertragsgestaltung.

So gilt zu allererst, dass die Vorgaben, Richtlinien und die zu erbringende Dienstleistung von und für beiden Seiten klar definiert werden, damit die vereinbarten Dienstleistungen auch klar und in ihrer vertraglich vereinbarten Qualität durch den Logistik-Dienstleister umgesetzt werden können. Ein weiteres wichtiges Ziel des Auftraggebers sollte sein, die eigenen Kosten durch das Outsourcing zu reduzieren. Weitere Erwartungshaltungen an die Vertragsgestaltung sind, dass die Verantwortlichkeiten zwischen Auftraggeber und Logistik-Dienstleister klar geregelt werden und Verfahren zur Überprüfung und Anpassung der Regelungen der SLAs definiert werden. Die vereinbarte Dienstleistung soll monetär klar bewertet werden können und Verrechnungspreise je Dienstleistung und Verrechnungseinheit in Abhängigkeit der Service-Levels festgesetzt werden (Skalierbarkeit).

Weiterhin gilt als Ziel, die Standardisierbarkeit und Vergleichbarkeit der Dienstleistung zu gewährleisten und die Kennzahlen zur Bewertung der relevanten Qualitätsdimension zu definieren.

Dafür ist weiterhin notwendig, die geeigneten Methoden zur Ermittlung der Werte der Kennzahlen festzulegen und detailliert zu beschreiben. Um den Zielerreichungsgrad der vereinbarten KPIs regelmäßig an die zuständigen Bereiche und Abteilungen des Auftraggebers und des Logistik-Dienstleisters zu reporten, gilt als ausdrückliches Ziel auf Auftraggeber-Seite, die Durchführung eines regelmäßigen Berichtswesens vertraglich festzuhalten.

---

[77] Vgl. Steger (2008).

Ein weiteres Ziel auf Auftraggeber-Seite ist die vertragliche Festsetzung eines Eskalationsverfahrens, um sich rein rechtlich gesehen, von Minderleistungen des Dienstleisters abzusichern.[78] Die einzelnen Eskalationsstufen, wie sie in der Praxis vorkommen können, sind in Abbildung 14 dargestellt.

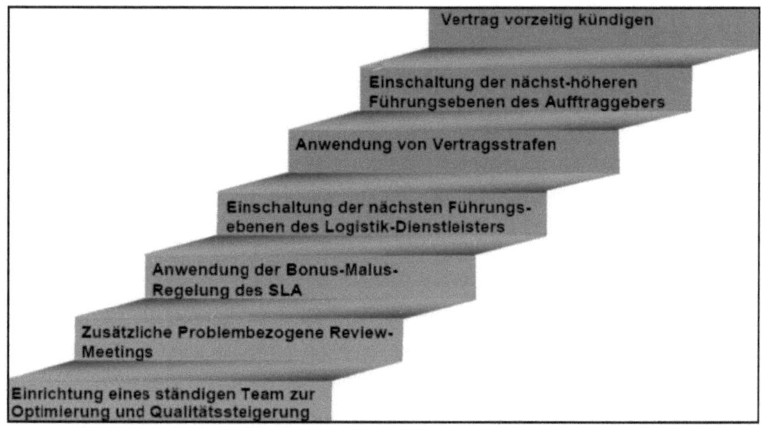

Abb. 14: Eskalationsstufen im Service-Level-Agreement
Quelle: Kelber (2003): 35.

Objektiv weniger stark bewertbare Ziele im Tagesgeschäft sind, dass beide Parteien eine gemeinsame Ausgangsbasis für kontinuierliche Verbesserungen anstreben oder gemeinsame Entwicklungsziele nachgehen.

---

[78] Vgl. Kelber (2003): 35.

Teil II: Empirische Untersuchung zum Einsatz von Service-Level-Agreements zwischen produzierenden Unternehmen (im Folgenden Verladern) und Logistik-Dienstleistern im Tagesablauf

Neben der theoretischen Auseinandersetzung mit dem Begriff, dem Einsatz und der Gestaltung von Service-Level-Agreements, wird im Rahmen der vorliegenden Arbeit eine Expertenbefragung durchgeführt. Dabei wird der praxisnahe Bezug der SLAs im deutschsprachigen Raum mit verladenden Unternehmen hergestellt und untersucht, um darzustellen, welche Konzepte bei den derzeit in der Praxis genutzten SLAs vorherrschen, welche Ziele verfolgt werden und wie der Errei-chungsgrad der vorgegebenen Erwartungshaltungen an die SLAs im Tagesge-schäft ausfällt. Des Weiteren soll untersucht werden, in wie weit die im Theorieteil aufgestellten Anforderungen an den Einsatz von SLAs in der Praxis erfüllt wer-den. Auf diese Weise sollen gegebenenfalls auftretende Defizite identifiziert wer-den, um im Anschluss gezielt auf die Problembereiche einzugehen und Verbes-serungsvorschläge und Handlungsempfehlungen vorzunehmen.

3. Vorgehensweise und Methodik zur Umfrage zum Einsatz von Service-Level-Agreements

Als empirische Untersuchung wurde im Rahmen dieser Arbeit eine Expertenbe-fragung zum Einsatz von SLAs durchgeführt. Die Darstellung dieser Untersu-chung ist Gegenstand dieses Kapitels.

Als Expertenbefragung wird nach dem Wirtschaftslexikon Gabler ein *„Verfahren zur Erhebung von Daten"* definiert, dass [...] *„z.B. zur qualitativen Prognose oder zur weiteren Durchleuchtung eines komplexen Sachverhalts"* durchgeführt wird. Es findet dementsprechend dann „Anwendung in Situationen, in denen nur weni-ge oder vorwiegend qualitative Daten vorliegen."[79]

---

[79] Vgl. Wirtschaftslexikon.Gabler (2012): Stichwort: Expertenbefragung.

Experten sind nach „Lehrerfortbildung-bw" *„fachlich qualifizierte und meist auch wissenschaftlich ausgebildete Fachleute, in weiterem Sinn aber auch alle, die in einem Problembereich, z. B. als Beteiligte oder Betroffene, sich besonders gut auskennen."*[80]

Im folgenden Abschnitt 3.1 wird auf die Ziele, das Forschungsdesign und die aufgestellten und zu untersuchenden Thesen eingegangen. Im Anschluss daran wird in Abschnitt 3.2 die Vorgehensweise der Durchführung der Umfrage beschrieben. Abschnitt 3.3 gibt einen Überblick über die Strukturmerkmale der Stichprobe, nachdem sich der Hauptteil dieses Kapitels anschließt, indem in Abschnitt 3.4 die Ergebnisse der Umfrage sowie deren Auswertungen und Interpretationen dargestellt werden.

3.1 Ziele, Forschungsdesign und Thesen der Studie

Ziel der Studie ist es, die mit dem Einsatz von SLAs verfolgten Ziele, die realisierbaren Nutzenpotentiale und Erwartungen, sowie Probleme und Erfahrungen hinsichtlich der Nutzung von Service-Level-Agreements zu analysieren und darzustellen. Weiterhin soll untersucht werden, wie viele der befragten Unternehmen Service-Level-Agreements zur Steuerung des Tagesgeschäfts einsetzen bzw. was die Gründe für den Nichteinsatz sind.

Dabei wird ausschließlich auf die Sicht der verladenden Unternehmen eingegangen und der Blickwinkel der Logistik-Dienstleister außen vor gelassen. Wie bereits erwähnt soll des Weiteren untersucht werden, in wie weit in der Praxis genutzte SLAs den in dieser Arbeit dargelegten Anforderungen gerecht werden.

Im Vorfeld der Studie wurden dabei 4 Kernthesen aufgestellt, die auf ihren Wahrheitsgehalt hin untersucht werden sollen. Diesen lauten wie folgt:

1. Service-Level-Agreements haben seitens der Auftraggeber für die Phase der Vertragsgestaltung und des –abschlusses eine höhere Bedeutung als für das folgende, tatsächliche Tagesgeschäft.

---

[80] Vgl. Lehrerfortbildung-bw (2012): Stichwort: Experten.

2. Die Erwartungshaltungen aus Verladersicht zur Umsetzung der vereinbarten Service-Level-Agreements durch den Dienstleister weichen vom tatsächlichen Output im Tagesgeschäft ab.

3. Service-Level-Agreements können nur dann zur Steuerung in der Partnerschaft genutzt werden, wenn wesentliche Details vertraglich festgelegt sind.

4. Kontinuierliche Service-Level-Reviews durch die Auftraggeber sichern die Steuerung und die Entwicklung der Partnerschaft im Tagesgeschäft und damit die Einhaltung der Service-Level-Agreements.

Um eine möglichst große, aber dennoch kostengünstige Stichprobe durchzuführen, wurde die schriftliche Befragung auf Basis eines standardisierten Fragebogens als Erhebungsmethode gewählt (siehe Anhang).

3.2 Vorgehensweise

Im Vorfeld der Konzeptionsphase des Fragebogens wurden Untersuchungsbereiche zusammengetragen und eine Zielgruppe aufgestellt, die für die Untersuchung der Problematik geeignet ist. Damit die Qualität des Messvorgangs gewährleistet ist, müssen drei Kriterien erfüllt sein. Eine Umfrage muss demnach valide, objektiv und reliabel sein.

Eine Untersuchung und deren Ergebnisse sind erst dann gültig, wenn ein bestimmtes Maß an Validität vorliegt, worauf in der vorliegenden Studie vor der Durchführung der Befragung geachtet wurde. Unter dem Begriff Validität soll das Ausmaß der Interpretierbarkeit einer Untersuchung im Sinne des Untersuchungszieles ausgedrückt werden. Ist Validität gegeben, messen und kennzeichnen die gewonnenen Daten genau den Tatbestand, der gemessen werden sollte, d.h. Messergebnis und Messabsicht stimmen überein. Die Messung muss frei von systematischen Fehlern (Erhebungsfehler) sein, die häufig durch geschlossene Fragen oder aber dem „Antwortzwang", ohne das ein Fortschreiten der Befragung nicht möglich ist, auftreten. In der vorliegenden Studie bestand zu keinem Zeitpunkt in der Befragung das Abverlangen einer so genannten „Muss-Antwort". Jede Frage hatte die Möglichkeit des Interviewten, als Antwort „keine Angabe" zu tätigen oder aber das „Sonstige-Feld" zu nutzen.[81]

---

[81] Vgl. Wirtschaftslexikon24 (2012): Stichwort Validität.

Die Reliabilität ist ein Maß für die Zuverlässigkeit bzw. Genauigkeit von wissenschaftlichen Ergebnissen. Sie liegt vor, wenn wiederholte Messvorgänge unter sonst gleichen Rahmenbedingungen zu gleichen Werten führen.[82] Als objektiv gilt eine Messung erst dann, wenn mehrere Personen, die unabhängig voneinander die Messergebnisse registrieren, zum gleichen Ergebnis kommen.[83]

Des Weiteren sollte eine Untersuchung repräsentativ sein. Darunter wird ein Ausmaß verstanden, dass die Studie als Stichprobe der Grundgesamtheit in bestimmten Hinsichten getreu widerspiegelt.[84] Die Grundgesamtheit bildet dabei also die gesamte Zielgruppe einer Erhebung, aus der die Stichprobe von Versuchspersonen bzw. Interviewten gezogen wird.[85]

An dieser Stelle sei darauf hingewiesen, dass alle aufgezeigten Umfragebedingungen in der vorliegenden Studie erfüllt wurden. Das äußert sich darin, dass alle Teilnehmer der Studie der Zielgruppe entsprechen, indem sie aus der Management-Ebene oder dem operativen Bereich eines verladenden Unternehmens in Leitungsfunktion stammen. Weiterhin haben alle befragten Teilnehmer ihren Unternehmenssitz im deutschsprachigen Raum (Deutschland, Österreich, Schweiz, Niederlande). Auf Grund des geringen Stichprobenumfangs, sowie der Aufteilung in die verschiedensten Branchen und der Zusammenfassung von Branchen, behält es sich der Autor allerdings vor, dass die vorliegende Studie keinen Anspruch erhebt, die Ergebnisse der Stichprobe auf die Grundgesamtheit zu übertragen.[86] Dieser Tatbestand ist bei den folgenden Darstellungen und Interpretationen der Ergebnisse durch den Leser stets zu berücksichtigen, auch wenn nicht bei jeder einzelnen Frage darauf hingewiesen wird.

Des Weiteren behält sich der Autor vor, nicht bei jeder der zutreffenden Abbildungen auf die Grundgesamtheit der antwortenden Studienteilnehmer einzugehen, sowie darauf hinzuweisen, dass einige Fragen durch die Möglichkeit der Mehrfachnennung charakterisiert sind. Die jeweiligen Charakteristiken einer jeden Frage sind meist unten links, sowie im Schaubild als solches kenntlich gemacht.

---

[82] Vgl. Wirtschaftslexikon24 (2012): Stichwort Reliabilität.

[83] Vgl. Wirtschaftslexikon24 (2012): Stichwort Reliabilität.

[84] Vgl. Wirtschaftslexikon24 (2012): Stichwort Repräsentativität.

[85] Vgl. Wirtschaftslexikon24 (2012): Stichwort Grundgesamtheit.

[86] Vgl. Wirtschaftslexikon24 (2012): Stichwort Grundgesamtheit.

3.2.1 Entwicklung und Gestaltung des Fragebogens

Nach der Festlegung der repräsentativen Zielgruppe, wurden aus einer Vielzahl, 29 Fragen ausgewählt, die ein Maximum an Erkenntnis versprachen und die aufgestellten Thesen nach bestmöglichem Maße untersuchen lassen. Dabei wurde darauf geachtet, dass die Umfrage aus zeitlicher Sicht für die Probanden nicht zu lang wird, da jeder einzelne Umfrageteilnehmer während der Beantwortung der Fragen gleichzeitig aus seinem aktuellen Tagesgeschäft genommen wird. Die Beantwortung der Fragen sollte also 30 Minuten nicht übersteigen, um außerdem die Akzeptanz des Fragebogens nicht zu gefährden und somit die Abbruchquote so gering wie möglich zu halten.

Die Umfrage wurde in keinen „Probelauf" mit Testprobanden geschickt, sondern ging durch Abnahme der Geschäftsführung der ANXO Management Consulting GmbH mit Sitz in Düsseldorf sofort in Umlauf.

3.2.2 Durchführung der Befragung

Zielgruppe der Befragung waren ausschließlich verladende Unternehmen aus dem deutschsprachigen Raum, also Deutschland, der Niederlande, Österreich und der Schweiz. Wobei hierbei zu sagen ist, dass nur ein sehr geringer Teil der Umfrageteilnehmer (ca. 5%) ihren Unternehmenssitz nicht in Deutschland vorweisen. Des Weiteren wurden ausschließlich Unternehmen befragt, die Logistik-Dienstleistungen fremd vergeben haben.

Nachdem der Fragebogen von der ANXO Management Consulting GmbH abgenommen wurde, und potentielle Unternehmen, sowie Ansprechpartner, gefunden wurden, wurden diese per E-Mail, per Telefon oder aber durch die Unternehmensplattform „XING" kontaktiert und um das Teilnehmen an der Studie gebeten.

Dabei ist zu sagen, dass 698 Unternehmen auf diese Weise kontaktiert wurden, wobei 583 (83,52%) Kontaktpersonen in jeglicher Form nicht auf die Anfrage reagierten, 55 (7,88%) Ansprechpartner eine Teilnahme aus den verschiedensten Gründen ausgeschlossen haben, 16 (2,29%) Ansprechpartner hatten nach Zusendung des Fragebogens per E-Mail Interesse an einer Teilnahme, sich jedoch nicht mehr gemeldet und 43 (6,16%) Ansprechpartner hatten den Fragebogen ausgefüllt. Diese 43 Unternehmen sollen in Abschnitt 3.4 auf Ihren Einsatz von Service-Level-Agreements hin detailliert untersucht werden.

3.3 Strukturmerkmale der Stichprobe

Bevor die Ergebnisse der Studie dargestellt werden, wird in diesem Abschnitt zunächst die in dieser Umfrage insgesamt betrachtete Stichprobe hinsichtlich unterschiedlicher Strukturmerkmale untersucht.

Abbildung 15 stellt die Verteilung der Unternehmen, die sich an der Umfrage beteiligt haben, zu unterschiedlichen Branchen dar. Dabei ist zu sagen, dass Branchen je nach Spezifikation bewusst zusammengefasst wurden, um ein aussagekräftiges Bild darstellen zu können.

Abb. 15: Zuordnung der Umfrageteilnehmer auf die jeweiligen Branchen

Quelle: Eigene Darstellung

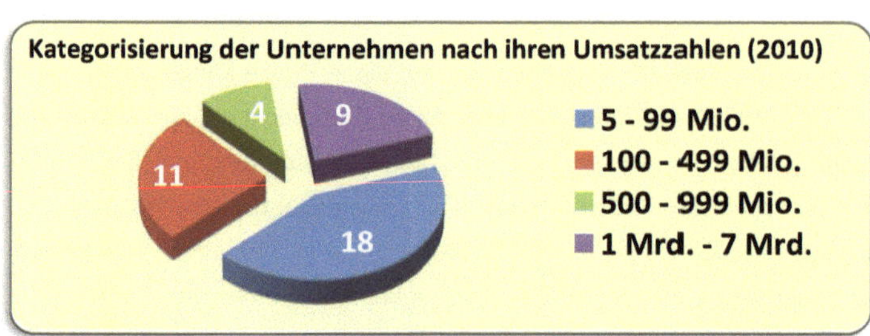

Abb. 16: Kategorisierung der Unternehmen nach ihren Umsatzzahlen (2010)

Quelle: Firmendatenbank Hoppenstedt sowie Eigenrecherche

Kategorisiert man die einzelnen Unternehmen nach ihren Umsatzahlen aus dem Jahre 2010, lässt sich in Abbildung 16 erkennen, dass der Großteil (18 Unternehmen) einen Jahresumsatz von 5 bis 99 Mio. € erzielt haben und somit den größten Teil der befragten Unternehmen ausmacht.

3.4 Auswertung der Studie

Nachdem alle 43 Unternehmen einer derzeitigen Fremdvergabe bzw. der Planung der Fremdvergabe von Logistik-Dienstleistungen zugestimmt haben, wurde nach der genauen bzw. den genauen Dienstleistungen gefragt. Dabei sind nicht nur Drittfirmen, sondern auch Tochter- oder Schwesterunternehmen gemeint. Abbildung 17 ist zu entnehmen, dass unter der Voraussetzung von Mehrfachnennungen der Probanden, 69,8% der befragten Unternehmen ihre Lagerhaltung fremd vergeben haben bzw. dies in Zukunft planen. Eine fremd vergebene Distribution belegt demnach den 2. Rang mit 58,1%, gefolgt vom Kurier,- Express und Paketversand mit 41,9% und dem Wareneingang bzw. dem Kommissionieren und Verpacken mit 37,2%.[87]

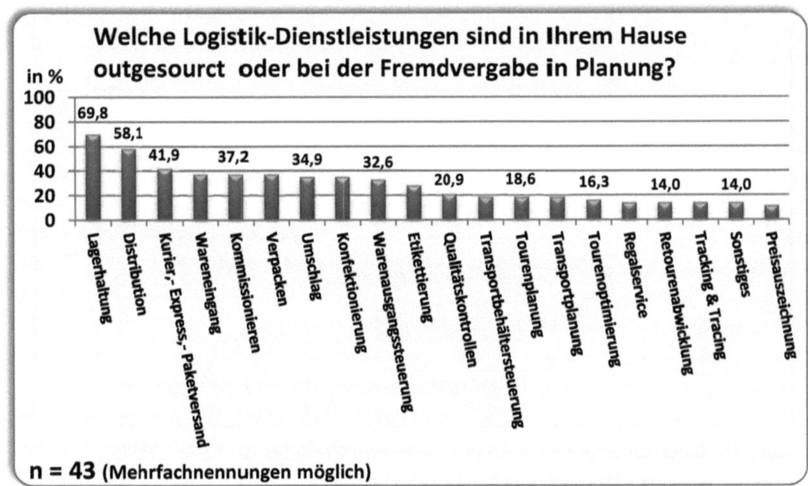

Abb. 17: Fremd vergebene Logistik-Dienstleistung bzw. Fremdvergabe in

Planung

Quelle: Eigene Darstellung

---

[87]Anmerkung zu den folgenden Abbildungen: n = Anzahl der Unternehmen, die bei dieser Frage geantwortet haben.

Als Grund für eine Nicht-Teilnahme an der Studie gab ein Unternehmen an, dass „keine Serienprodukte hergestellt werden und in der kleinen überschaubaren Firma, die Produktion einzig und allein von internem Personal bewältigt werden kann." Eine andere Antwort war, dass „ eine Fremdvergabe von Dienstleistungen nicht geplant ist, da kundenspezifische Konfigurationen notwendig sind." Weitere Reaktionen waren, dass auf Grund der Unternehmensstruktur bzw. der Größe des Unternehmens „gänzlich, auch in absehbarer Zeit, auf Logistik-Dienstleister verzichtet werden kann", oder dass „alle logistischen Prozesse intern geplant, optimiert und gemeistert werden."

Stellt man Abbildung 17 und Abbildung 18 gegenüber ist zu erkennen, dass sich der Trend zum Outsourcing der „klassischen" Dienstleistungen, wie z.B. dem Transport, der Lagerung und Kommissionierung fortsetzt.

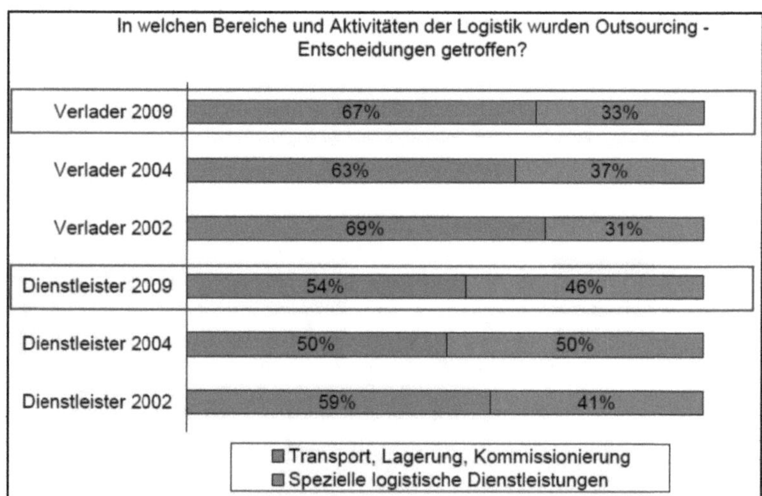

Abb. 18: Outsourcing im Vergleich zwischen Verlader und Dienstleister in den Jahren 2002, 2004 und 2009

Quelle: Miebach (2009): 11.

War demnach ein leichter Aufwärtstrend der Verlader, in Zukunft mehr spezielle logistische Dienstleistungen, wie z.B. Retourenabwicklung, Ersatzteillogistik oder der Bestandsverwaltung, an Dritte zu vergeben zu verzeichnen, war der Trend im Jahre 2009 mit 33% im Gegensatz zum Jahr 2007 mit 37% wieder leicht rückläufig (siehe Abbildung 12).[88]

Nachdem herausgestellt wurde, wo der Fokus der Fremdvergabe aller befragten Unternehmen liegt, wurde gefragt, seit wann Outsourcing im verladenden Unternehmen durchgeführt wird (siehe Abbildung 19). Demnach gaben 46,5% der Probanden an, Logistik-Dienstleistungen zwischen 5 und 10 Jahren fremd zu vergeben. 18,6% gaben ein Outsourcing zwischen 0 und 5 Jahren an, 16,3% vergeben Dienstleistungen schon seit 15 bis 20 Jahren und 4,6% schon seit mehr als 20 Jahren.

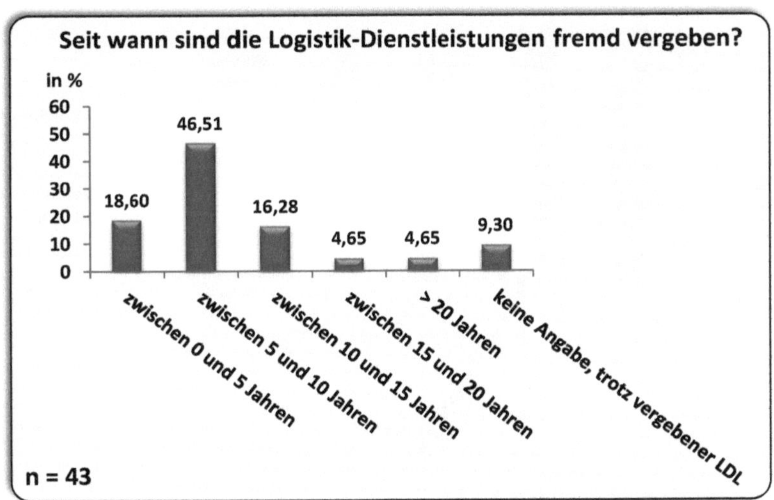

Abb. 19: Zeitpunkt der Fremdvergabe von Logistik-Dienstleistungen

Quelle: Eigene Darstellung

Als nächstes wurde unter der Voraussetzung von Mehrfachnennungen gefragt, inwiefern die vorgegebenen Teilbereiche fremd oder konzernintern vergeben wurden (siehe Abbildung 20).

---

[88] Vgl. Miebach (2009): 11.

Demnach haben 9 Unternehmen angegeben, ihre Beschaffung fremd zu vergeben. 2,5% davon fallen auf konzerninterne Dienstleister. 39 der 43 befragten Unternehmen gaben an, die Distribution und Transport fremd zu vergeben, wobei 9,7% auf konzerninterne Dienstleister fallen. 32 Unternehmen gaben an, ihre Lagerhaltung durch Outsourcing zu gestalten, wovon 20,4% durch konzerninterne Vergabe stattfindet. 13 Unternehmen gaben an ihre Produktion fremd vergeben zu haben, wovon 28,3% auf konzerninterne Dienstleister fällt und von den 7 Unternehmen, die angaben ihr Controlling outgesourct zu haben, hält es sich in etwa die Waage zwischen der Vergabe an fremde Unternehmen und der Vergabe konzernintern.

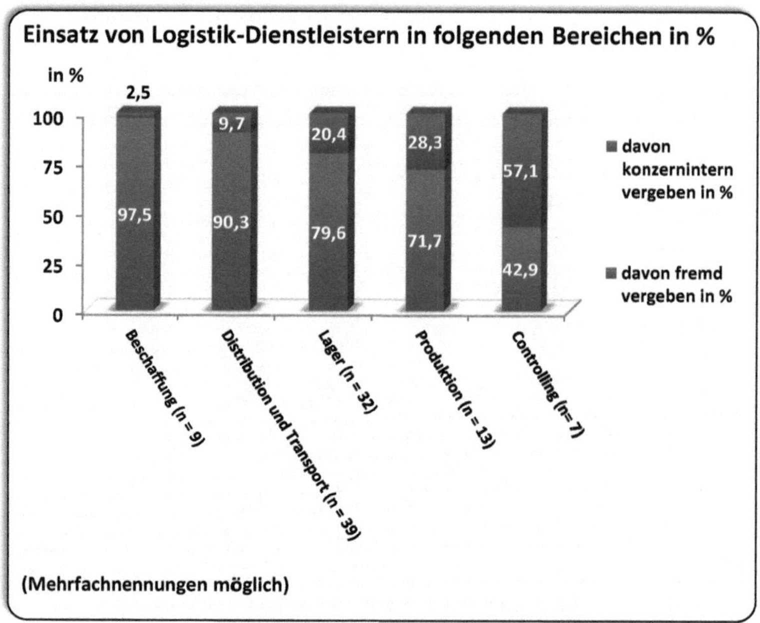

Abb. 20: Einsatz von Logistik-Dienstleistern bei konzerninterner Vergabe und Fremdvergabe von Logistik-Dienstleistungen
Quelle: Eigene Darstellung

Abbildung 21 zeigt auf, dass Branchenübergreifend bei 39 Unternehmen, die den Bereich Distribution und Transport fremd vergeben haben, im Durchschnitt 12,5 Dienstleister in diesem Bereich, beispielsweise durch Spediteure, eingesetzt werden.

Des Weiteren werden im Durchschnitt 9 Lieferanten pro Unternehmen eingesetzt, 3,5 Unternehmen die im Durchschnitt das Lager sowie die Produktion führen und 1 Unternehmen was im Durchschnitt eingesetzt wird, um das Controlling zu übernehmen.

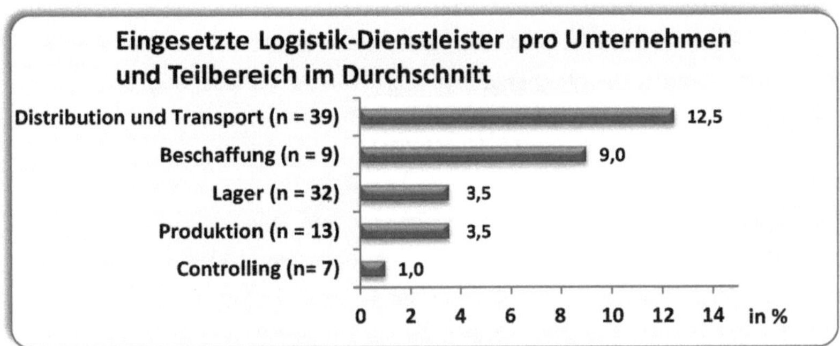

Abb. 21: Eingesetzte Logistik-Dienstleister pro Unternehmen und Teilbereich im Durchschnitt

Quelle: Eigene Darstellung

3.4.1 Einsatz von Service-Level-Agreements

Nachdem nun aufgezeigt wurde, in welcher Art und Weise die befragten 43 Unternehmen aus den verschiedensten Branchen Logistik-Dienstleistungen fremd vergeben haben, soll im Folgenden näher untersucht werden, welchen Stellenwert der Einsatz von Service-Level-Agreements ausmacht.

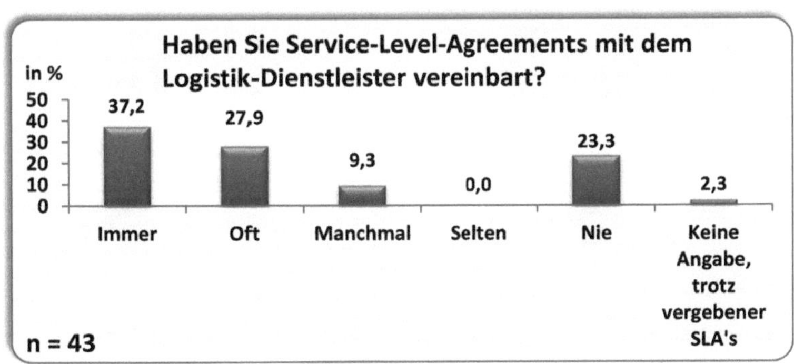

Abb. 22: Der Einsatz von Service-Level-Agreements

Quelle: Eigene Darstellung

Abbildung 22 macht deutlich, dass 37,2% der 43 befragten Unternehmen die Outsourcing-Verträge sowie die Arbeit mit dem Fremd-Diensleister immer durch Service-Level-Agreements komplettieren. 27,9% der Unternehmen gaben an, dass diese oft eingesetzt werden, 9,3% gaben an, dass diese manchmal eingesetzt werden und 23,3 %, dass Service-Level-Agreements nie zum Einsatz kommen. Eine Parallele ist in dieser Hinsicht erneut mit der „Miebach-Studie 2009" aufzuführen, in der gleichenfalls 20% bis 25% der Verlader angaben, keine Service-Vereinbarungen einzusetzen.[89]

Als nächstes wurden die Unternehmen gefragt, wie lang sie im Bereich der Logistik bzw. des Supply Chain Managements schon Service-Level-Agreements einsetzen. Eine Trennung, zum Bereich der IT eines Unternehmens, muss in dem Zusammenhang getroffen werden, da viele Unternehmen SLAs bereits in diesem Bereich einsetzen. Für die vorliegende Arbeit soll diese Tatsache allerdings außen vor gelassen und nicht in Betracht gezogen werden (siehe Abbildung 23).

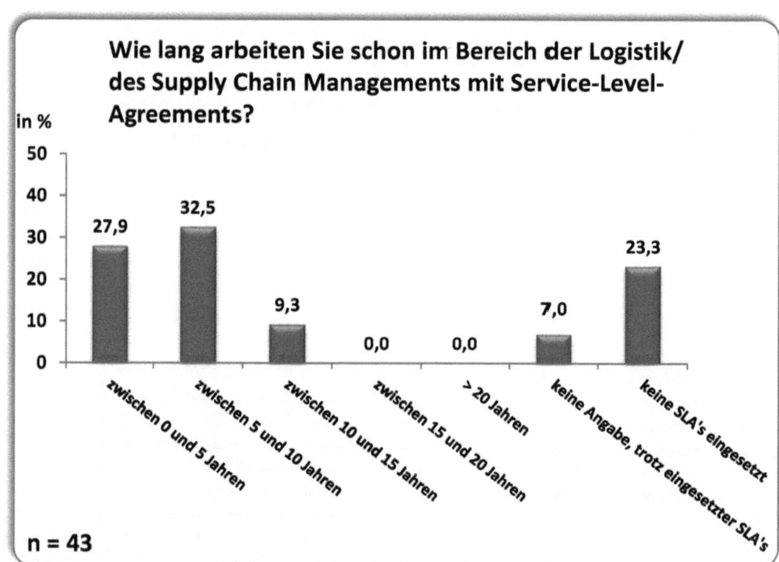

Abb. 23: Zeitpunkt der Implementierung von Service-Level-Agreements
Quelle: Eigene Darstellung

---

[89] Vgl. Miebach-Studie 2009: 18.

Demnach gaben 27,9% an, SLAs seit ca. 0 bis 5 Jahren einzusetzen und 9,3% SLAs seit ca. 10 bis 15 Jahren einzusetzen. Ein Drittel und somit der größte Teil der befragten Unternehmen gaben an, SLAs schon seit 5 bis 10 Jahren einzusetzen. Dem gegenüber stehen 23,3% der Unternehmen, die derzeit keine SLAs implementiert haben und in folgenden Untersuchungen stets berücksichtigt werden.

3.4.2 Gründe für den Nichteinsatz von Service-Level-Agreements

Nachdem nun aufgezeigt wurde, dass 33 (76,7%) der befragten Unternehmen SLAs einsetzen, soll hinterfragt werden, wo die Gründe dafür liegen bzw. liegen könnten, dass 10 (23,3%) Unternehmen keine SLAs einsetzen (siehe Abbildung 24). Dabei ist zu sagen, dass einerseits Unternehmen die keine SLAs einsetzen den Grund dafür geben konnten und andererseits Unternehmen diese Frage beantworten konnten, die SLAs einsetzen, aber mögliche Gründe für den Fehleinsatz sowie Probleme bei der Implementierung geben konnten.

Als Hauptgrund für den Nicht- sowie Fehleinsatz von SLAs gilt mit 37,5% der abgegebenen Stimmen ein fehlendes Know-how auf Seiten der Mitarbeiter auf Management und operativer Ebene. 31,3% der Befragten gab an, dass es schwierig sei, Kennzahlen exakt zu definieren und somit transparent zu machen. Ein Viertel der Stimmen hält die Messung der definierten Kennzahlenwerte für aufwendig und geben zu gleichen Teilen an, dass der hohe Aufwand der Implementierung der Service-Vereinbarungen im Unternehmen nicht gerechtfertigt ist.

Dabei wurde deutlich, dass die befragten bei der Abwicklung des internen Werksverkehrs daher keine SLAs benötigen und der Einsatz in naher Zukunft auch nicht geplant wird oder aber der Erfüllungsgrad der "klassischen" Vereinbarung zufriedenstellend ist. Eine weitere Stimme war, dass alle laufenden Verträge erst beendet werden müssen, um anschließend bei allen neuen Verträgen SLAs abzuschließen. Weiterhin gaben die Experten zu gleichen Teilen an (18,8%), dass eine verbindliche Vereinbarung der Qualitätsbandbreite mit dem Logistik-Dienstleister schwierig ist, oder aber das Verständnis für die Notwendigkeit von SLAs auf Seiten des Logistik-Dienstleisters fehlt.

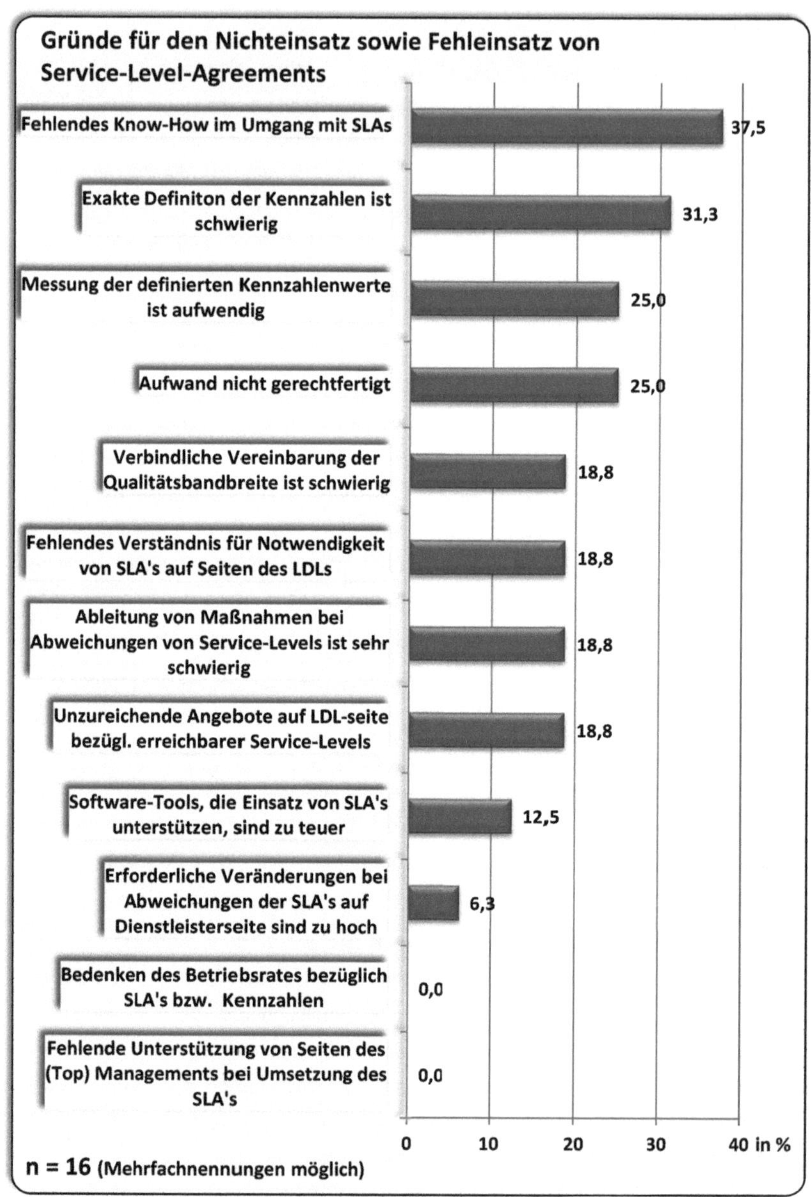

Abb. 24: Gründe für den Nicht- sowie Fehleinsatz von Service-Level-Agreements

Quelle: Eigene Darstellung

Weiterhin stufen einige Unternehmen die Ableitung von Maßnahmen bei Abweichungen von Service-Levels als schwierig ein oder es sind unzureichende Angebote auf Logistik-Dienstleisterseite bezüglich erreichbarer Service-Levels zu verzeichnen. 12,5% der Unternehmen geben an, das für die Implementierung von SLAs zur Kennzahlenmessung notwendige Software-Tools zu teuer sind und 6,3% der Unternehmen geben an, dass erforderliche Veränderungen bei Abweichungen der SLAs auf Dienstleisterseite zu hoch sind.

3.4.3 Vertragsgestaltung zwischen Verlader und Logistik- Dienstleister

Im folgenden Abschnitt werden typische Vertragsinhalte dargelegt, die von den Experten dem jeweiligen Vertragsbestandteil zugeordnet werden sollten, indem dieser geregelt wird. Demnach kann ein Outsourcing-Vertrag aus folgenden Bestandteilen bestehen:

- Dienstleistungsvertrag
- Rahmenvertrag
- Prozessbeschreibung
- Service-Level-Agreements

Die Antworten der Experten bezüglich der Zuordnung der Vertragsinhalte zu den Vertragsbestandteilen variieren bei dieser Frage deutlich. Folgende Abbildungen 25 und 26 machen deutlich, inwiefern Parallelen bei den Antworten der Probanden aus den verschiedenen Branchen bestehen. Unter der Einbeziehung der Möglichkeit, keine Angabe zu sämtlichen Vertragsinhalten zu tätigen, wird die Grundgesamtheit der Experten hierbei auf 32 festgelegt, die den Großteil der Zuordnungen durchgeführt haben. Als dargestellte Ergebnisse werden nur die 2 häufigsten Antworten aufgezeigt.

In rechtskräftigen Verträgen müssen auch juristische Aspekte geregelt werden. Dabei handelt es sich um Vereinbarungen wie Gerichtsstand, Anwendbares Recht, Schutzrechte, Haftung und Gewährleistung oder Schadensersatz. Unter der Voraussetzung **Mehrfachnennungen bei den vorgegebenen Antworten** abzugeben, haben 63,3% diese juristischen Elemente im Dienstleistungsvertrag vereinbart. 46,7% der Befragten haben diese Elemente im Rahmenvertrag festgesetzt. Kaufmännische Elemente, d.h. Verfahren zur Rechnungsstellung oder Zahlungsmodalitäten, werden einerseits von 58,1% im Dienstleistungs- und von 54,8% im Rahmenvertrag vereinbart.

Verrechnungspreise für Dienstleistungen werden ebenfalls zu 58,1% im Dienstleistungsvertrag festgesetzt, sowie zu 48,4% im Rahmenvertrag.

Dienstleistungs- sowie Rahmenvertrag gelten des Weiteren als die wichtigsten Vertragsbestandteile für die Partner die im SLA integriert sind, den Geltungsbereich des SLA, für die gemeinsamen Ziele beider Parteien und für die Rahmenbedingungen der Dienstleistungserbringung.

Ein SLA beschreibt ferner eine dauerhafte, über eine einmalige Transaktion hinausgehende Dienstleistungsbeziehung zwischen dem Verlader und dem Dienstleister und somit ist auch ein Datum für dessen Inkrafttreten sowie eine Laufzeit zu bestimmen. Beide Seiten sollten abwägen, inwiefern die Vorteile einer kürzeren Laufzeit zu nutzen sind, z.B. höhere Flexibilität und damit verbesserte Anpassungsmöglichkeiten oder aber verändernde Rahmenbedingungen. Andererseits aber auch, wo die die Vorteile einer längeren Laufzeit liegen, wie z.B. Planungssicherheit, Stabilität von Regelungen oder Investitionsschutz..[90] Mit 55,2% gilt der Rahmenvertrag als Hauptvertragsbestandteil für diese Vertragskomponente.

Die Restriktionen für die Einhaltung von Service-Levels, wie z.B. Pönale, werden zu jeweils 34,5% sowie 31,0% im Dienstleistungs- bzw. Rahmenvertrag festgeschrieben.

Wie bereits in Kapitel 2.2 „Grundsätze für die Gestaltung von Logistikverträgen" beschrieben, gibt es keine Standardlösungen für Outsourcing-Verträge, was sich auch in Abbildung 26 ablesen lässt. Es ist zu erkennen, dass die Zuordnung der Vertragsinhalte zu den einzelnen Vertragsbestandteilen sehr variiert. Jeder Vertrag scheint individuell an die Bedürfnisse der Kunden sowie Dienstleister angepasst, obgleich eine Bewertung der Zuordnung an der Stelle nicht durchgeführt werden soll, da ein genauer Kenntnisstand über die einzelnen Verträge bezüglich ihrer genauen Vereinbarungen nicht vorliegt.
Es kann einzig und allein festgehalten werden, dass es den Anschein macht, als wenn es eine branchenübergreifende Einigung über den Inhalt eines Outsourcing-Vertrages gibt, die Zuordnung zu den einzelnen Vertragsbestandteilen scheint jedoch willkürlich und hat den Anschein, dass der Fokus eher auf den Inhalten der Verträge leigt und nicht auf der Zuordnung.

---

[90] Vgl. Berger (2005): 72.

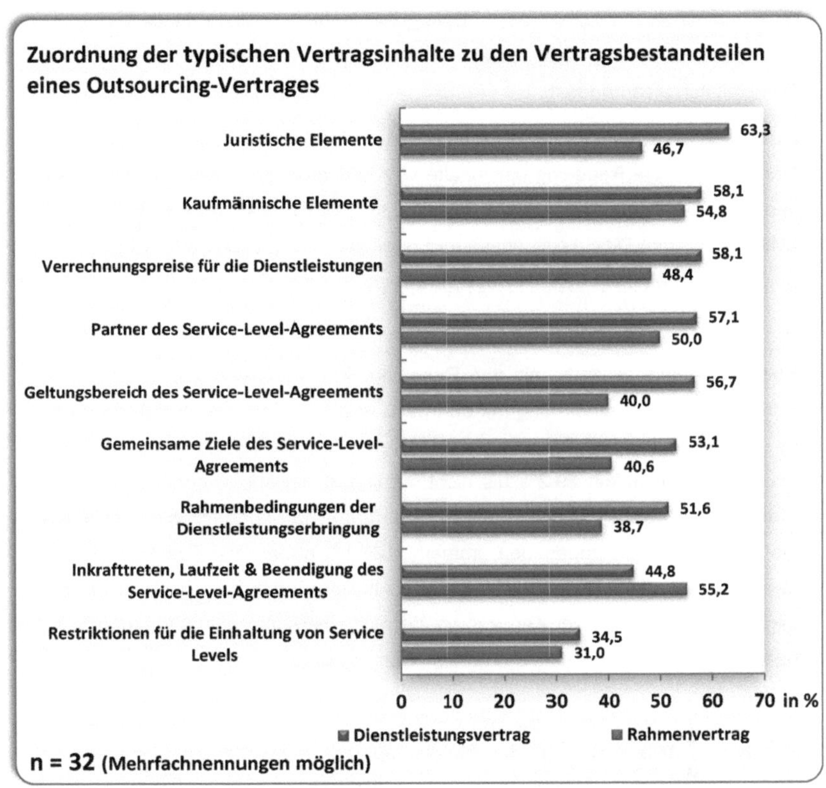

Abb. 25: Zuordnung der Vertragsinhalte zu den jeweiligen Vertragsbestandteilen eines Outsourcing-Vertrages (1)

Quelle: Eigene Darstellung

Demnach wird die Beschreibung der Dienstleistung bei 54,8% der Befragten im Dienstleistungsvertrag und bei 32,3% der Unternehmen in der Prozessbeschreibung festgehalten. Wie auch in Abbildung 18 werden hierbei nur die ersten beiden Antworten mit den meisten Stimmen angegeben.

So wird die Abgrenzung der Dienstleistung gegenüber anderen Dienstleistungen oder Eigenleistungen zumeist im Dienstleistungsvertrag sowie in der Prozessbeschreibung festgeschrieben. Ähnlich verhält es sich mit des Darstellung der Prozesse der Erbringung der Dienstleistungen, obgleich wiederum ein großer Unterschied in der Zuordnung zu den Vertragsbestandteilen besteht.

So schreiben 58,6% der Befragten diese Komponente in der Prozessbeschreibung fest, 31,0% halten diese Komponente allerdings im Dienstleistungsvertrag fest.

Des Weiteren scheint es keine Standardlösung für das Berichtswesen zu geben. Darunter wird die Regelung der Inhalte von Berichten zum Nachweis der SLAs, verstanden. Somit wird dieser Punkt zu jeweils ca. einem Viertel der Unternehmen im Dienstleistungsvertrag oder aber im Rahmenvertrag festgelegt. 29,6% gaben an, kein Berichtswesen implementiert zu haben.

Ebenso verhält es sich mit der Regelung von Verfahren zur Lösung von Konflikten im Zusammenhang mit den SLAs, was auf der einen Seite jeweils zu ca. einem Viertel im Dienstleistungs- sowie Rahmenvertrag festgesetzt ist, andererseits auch mit 29,2% als nicht vereinbart deklariert werden kann. Des Weiteren wird eine Definition für ein Messverfahren für die Kennzahlen bei 30,4% als nicht vereinbart angegeben, immerhin 26,1% haben diese Komponente in den Service-Level-Agreements dargelegt. Ähnlich verhält es sich auch mit der allgemeinen Definition der Kennzahlen, die sich einerseits zu 26,9% in den SLAs befindet, andererseits zu 23,1% nicht vereinbart wurde.

SLA-Review-Meetings, d.h. die Regelungen zur regelmäßigen Kontrolle der SLAs, werden mit jeweils 29,2% in den SLAs sowie im Rahmenvertrag festgelegt. Regelungen für Änderungen der SLAs während der Laufzeit werden wiederum zu 32,1% im Dienstleistungsvertrag niedergeschrieben und zu 28,6% erst garnicht vereinbart. Die „Willkür" der Vertragsgestaltung lässt sich auch sehr gut an der Bandbreite der Kennzahlenwerte (Service-Level) ablesen, da diese zu jeweils 20% im Dienstleistungs- und Rahmenvertrag sowie in der Prozessbeschreibung und den SLAs festgelegt sind. 24% der Unternehmen gaben des Weiteren an, dass eine Vereinbarung über die Bandbreite der Kennzahlenwerte nicht vereinbart wurde.

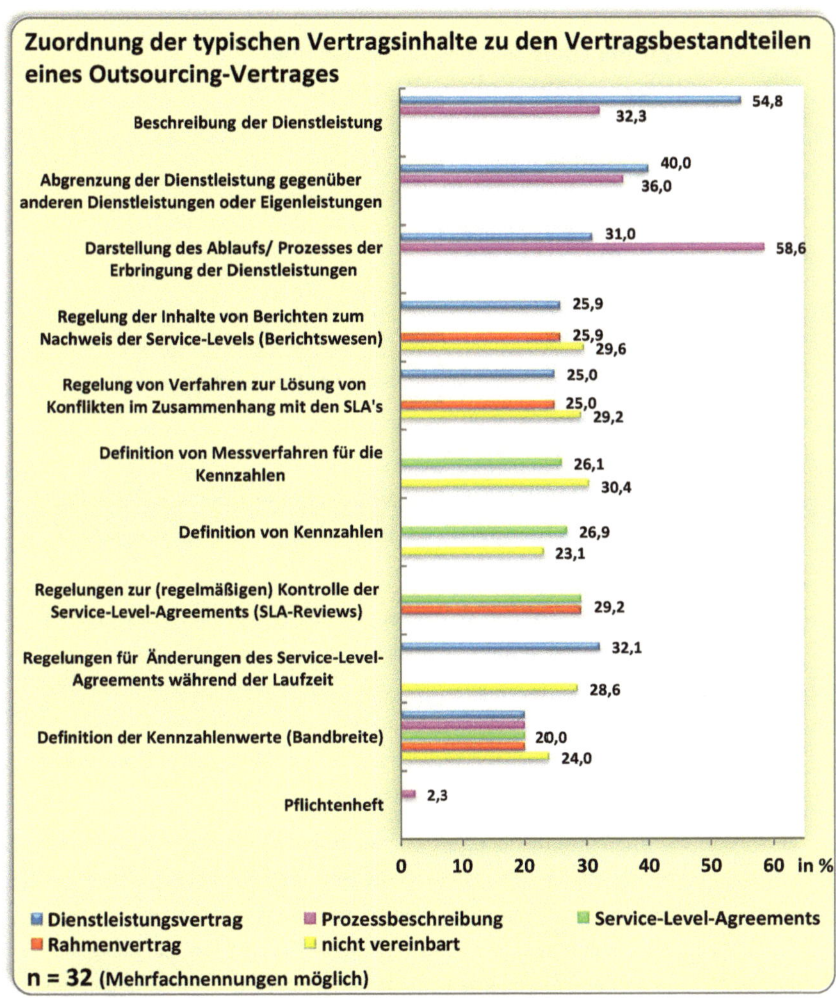

Abb. 26: Zuordnung der Vertragsinhalte zu den jeweiligen Vertragsbestandteilen eines Outsourcing-Vertrages (2)

Quelle: Eigene Darstellung

In Abbildung 27 wird dargestellt, ob der Logistik-Dienstleister bei der Vertragsgestaltung mit dem Verlader mit einbezogen wurde. Die nachvollgenden Ergebnisse sind wiederum branchenübergreifend, da keine branchen- spezifischen Unterschiede ausgemacht werden können.

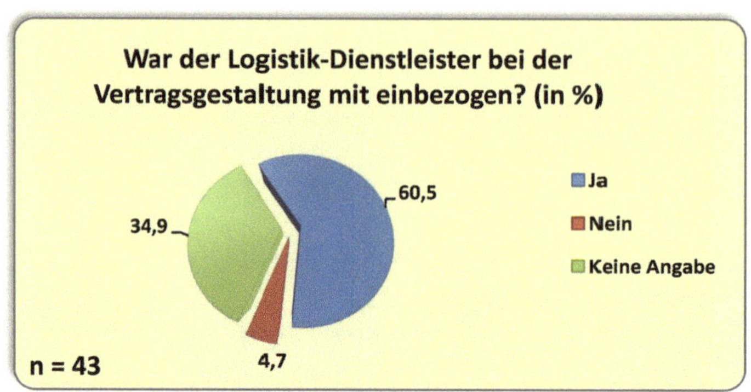

Abb. 27: Einbezug des Logistik-Dienstleisters bei der Vertragsgestaltung
Quelle: Eigene Darstellung

Demnach gaben 60,5% der Befragten an, dass der Logistik-Dienstleister bei der Vertragsgestaltung mit einbezogen wurde. In 4,7% der Fällen war das nicht der Fall und 34,9% enthielten sich Ihrer Stimme.

Auf eine Bewertung dieses hohen Wertes soll an dieser Stelle nur bedingt eingegangen werden, da lediglich Mutmaßungen darüber angestellt werden können, das man hierbei ein „Verneinen" des Sachverhalts umgehen möchte, indem keine Angabe gemacht wurde. Demnach kann lediglich eine Annahme darüber getroffen werden, dass es hierbei zu einer Verzerrung des Ergebnisses zu lasten der „Neinstimme" gekommen sein könnte.

Als Inhalte der Vertragsverhandlungen wurden operative Punkte, Anlieferfristen sowie die Einholung von Frachtangeboten oder die Ausgestaltung der Inhalte des Dienstleistungsvertrages angegeben. Weitere Nennungen waren eine direkte Ausarbeitung des Vertrages, aufgrund der Ausschöpfung beider maximaler gegebener Möglichkeiten, gegenseitige Überprüfungen und Änderungen im Vertrag, die Überprüfung der Machbarkeit und Zielsetzung oder der Festlegung der Kennzahlen und Kernpunkte der Zusammenarbeit.

3.4.4 Methoden und Instrumente zur Steuerung des Tagesablaufs

Um das Tagesgeschäft bzw. den Tagesablauf auf operativer sowie Management-Ebene optimal zu steuern, bedarf es einiger Methoden und Instrumente, die dies gewährleisten können.

So gaben bei einer Grundgesamtheit von 30 Befragten 83,3% an, gemeinsame Meetings auf operativer Ebene durchzuführen. 66,7% gaben an, das operative Tagesgeschäft mit Hilfe von Berichten aus bestimmten ERP-Systemen oder Software-Tools, wie z.B. SAP oder Navision, zu steuern. 56,7% machten deutlich, gemeinsame Meetings auf Management-Ebene durchzuführen oder wiederum Berichte, beispielsweise aus dem ERP-System, auf Management-Ebene zu ziehen (33,3%). Lediglich 3,3% steuern die Zusammenarbeit mit Hilfe der Reportings des Dienstleisters.

Dabei macht es den Anschein, dass der Fokus der Steuerungsmethoden eher auf der operativen Ebene abläuft und die Management-Ebene eher außen vorgelassen wird. Inwiefern sich diese Behauptung bestätigt, soll in den nächsten Kapiteln genauer untersucht werden (siehe Abbildung 28).

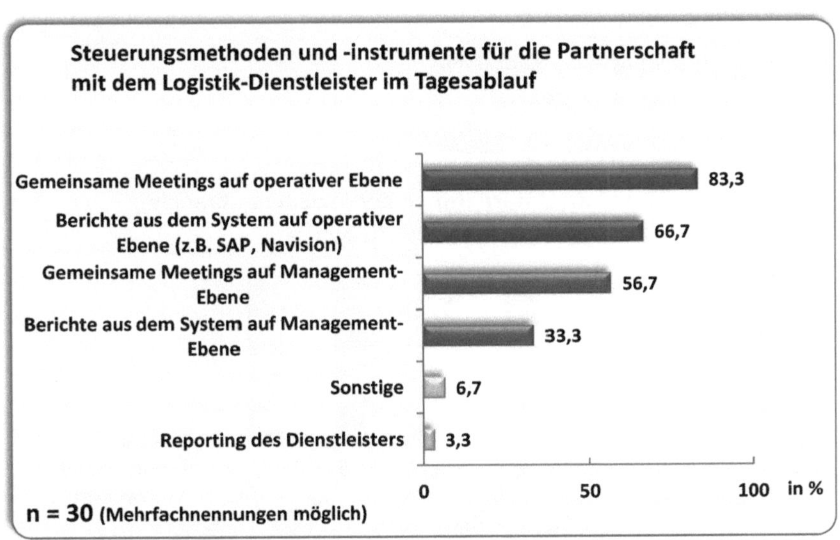

Abb. 28: Steuerungsmethoden und –instrumente für die Partnerschaft mit dem Logistik-Dienstleister

Quelle: Eigene Darstellung

Weiterhin wurde in der Expertenbefragung der Frage nachgegangen, inwiefern die Verlader mit ihrem bzw. ihren Logistik-Dienstleistern Kennzahlen zur Steuerung des Tagesgeschäfts veinbart wurden.

Abbildung 29 zeigt auf, dass 58,14% Kennzahlen vereinbart haben. Demgegenüber stehen 41,86% der Stimmen, die keine Kennzahlen implementiert haben.

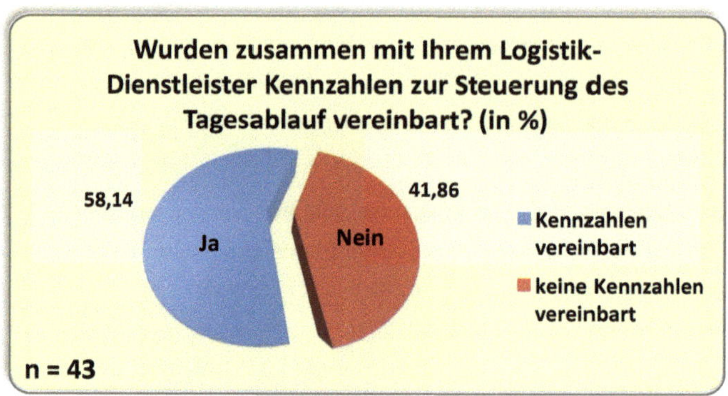

Abb. 29: Vereinbarung von Kennzahlen

Quelle: Eigene Darstellung

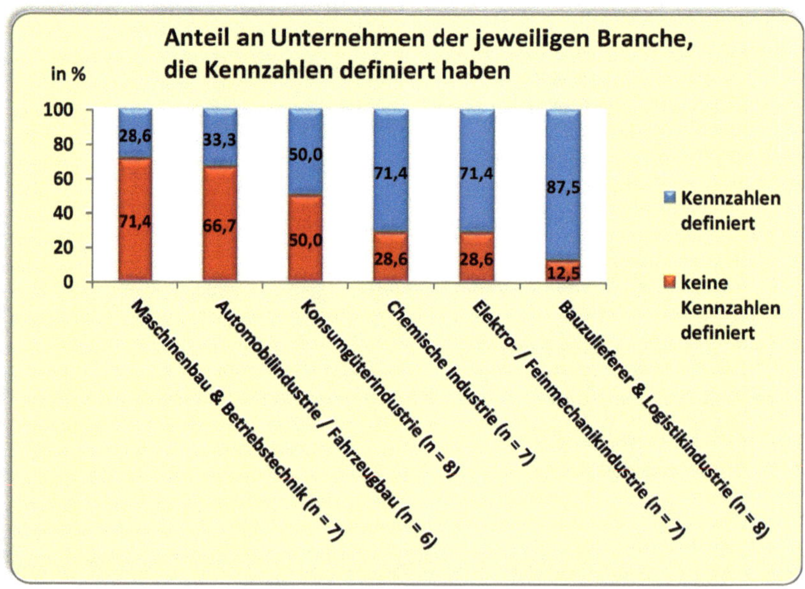

Abb. 30: Anteil an Unternehmen der jeweiligen Branche, die Kennzahlen definiert haben

Quelle: Eigene Darstellung

Abbildung 30 gibt einen Überblick darüber, inwiefern alle befragten Branchenteilnehmer der Studie Kennzahlen definiert haben. Somit ist ersichtlich, dass der Sektor Maschinenbau & Betriebstechnik bei 7 befragten Unternehmen, zu 71,4% keine Kennzahlen definiert haben. Die Sektoren Automobilindustrie / Fahrzeugbau sowie der Sektor Konsumgüterindustrie haben zu 66,7% sowie 50,0% keine definierten Kennzahlen vorzuweisen. Anders sieht es da in der chemischen Industrie, in der Elektro- und Feinmechanik, sowie in der Logistikindustrie bzw. den Bauzulieferern aus, die zu 71,4% bzw. 87,5% die Steuerung des Tagesgeschäfts mittels Kennzahlen vorweisen können.

Abbildung 31 zeigt die drei Hauptkategorien auf, in die Kennzahlen in der Praxis eingeteilt werden können. Demnach kann man die Gruppe der Kostenkennzahlen, der Qualitätskennzahlen und der Prozesskennzahlen unterscheiden, komplettiert durch die Gruppe der sonstigen Kennzahlen.

Es lässt sich erkennen, dass von 13 befragten Unternehmen 11 Unternehmen 1 bis 5 Kostenkennzahlen verwenden, ein Unternehmen nutzt 11 bis 20 Kostenkennzahlen und ein Unternehmen verwendet 41 bis 50 Kostenkennzahlen. Wiederum 11 von 13 Unternehmen nutzen 1 bis 5 Prozesskennzahlen, ein Unternehmen nutzt 11 bis 20 Prozesskennzahlen und ein Unternehmen nutzt 21 bis 30 Prozesskennzahlen. Des Weiteren arbeiten 10 von 14 Unternehmen mit 1 bis 5 Qualitätskennzahlen, sowie 3 Unternehmen mit 6 bis 10 Qualitätskennzahlen und ein Unternehmen gab an, 11 bis 20 Qualitätskennzahlen zu nutzen.

Wie bereits in Abschnitt 2.4 dargestellt, wird in der Literatur von einer optimalen Anzahl von 15 bis 20 ausgewählten Kennzahlen ausgegangen, um nur die Prozesse mit Kennzahlen zu belegen, die auch relevant für den Output des Logistik-Dienstleisters sind.[91] Somit kann davon ausgegangen werden, dass, wie in Abbildung 24 ersichtlich, die Transparenz der Prozesse unter der Steuerung des Dienstleisters mittels 21 bis 30 Prozesskennzahlen oder 41 bis 50 Kostenkennzahlen schnell verloren gehen kann und sich ein gut gemeinter Ansatz schnell negativ auf die Wertschöpfungskette auslegen kann.

---

[91] Vgl. Mühlencoert (2012).

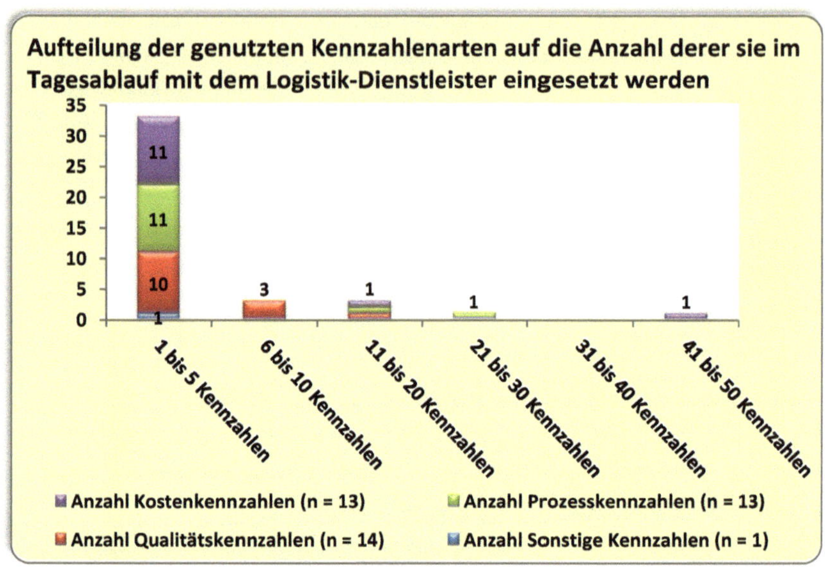

Abb. 31: Aufteilung der eingesetzten Kennzahlenarten

Quelle: Eigene Darstellung

Abbildung 32 ist zu entnehmen, dass Unternehmen, die Kennzahlen mit dem Logistik-Dienstleister einsetzen, ihren Fokus eher auf Kostenkennzahlen und Prozesskennzahlen legen und diese im Durchschnitt etwa 7,1 bzw. 6 mal pro Vertragsabschluss einsetzen. Qualitätskennzahlen werden im Durchschnitt etwa 4,1 mal eingesetzt und sonstige Kennzahlen etwa 1 mal.

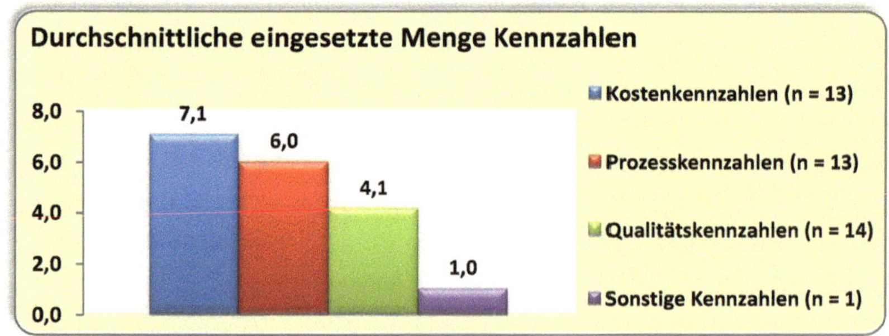

Abb. 32: Durchschnittliche eingesetzte Menge Kennzahlen pro Unternehmen und Kennzahlenart

Quelle: Eigene Darstellung

3.4.5 Service-Level-Berichte

Die Einhaltung der definierten Service-Levels durch eine kontinuierliche Überprüfung zählt zu den wesentlichen Aufgaben beim Einsatz von SLAs. Die tatsächlich erreichten Service-Levels sollten somit in Form von Service-Level-Berichten dokumentiert und mit dem Soll-Wert verglichen werden, um den Erfüllungsgrad der Vereinbarungen bestimmen zu können. Ferner dienen sie als Basis für die Bemessung von Konsequenzen bei Abweichungen vom Soll-Wert und als Auslöser für die Einleitung von Maßnahmen zur Sicherstellung der Einhaltung der Service-Levels, auch nachhaltig gesehen.

Abbildung 33 macht deutlich, wem die befragten Unternehmen die Service-Level-Berichte aushändigen. Es ist ersichtlich, dass sowohl die operative sowie die Management-Ebene zu fast gleichen Teilen als Empfänger gilt. Einzig und allein die Geschäftsführung des Auftraggebers fällt von den abgegebenen Stimmen mit 55,2% etwas ab, was in diesem Fall erneut deutlich macht, dass die eigene Management-Ebene einen eher geringeren Einfluss auf den Einsatz mit SLAs hat. Die Befragung zeigte allerdings auch auf, dass die Empfänger von Kennzahl zu Kennzahl und von Dienstleister zu Dienstleister unterschiedlich sind und von den jeweiligen Umständen abhängen. Oder aber es wurde deutlich gemacht, dass eine Überprüfung der Kennzahlen regelmäßig auch ohne Bericht stattfindet.

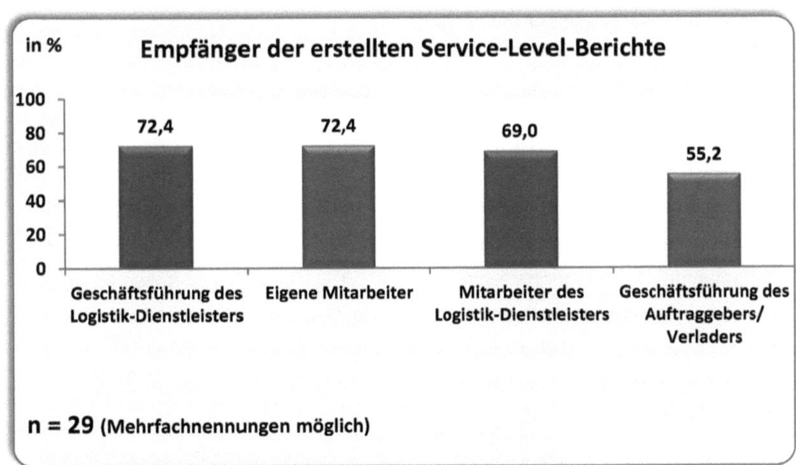

Abb. 33: Empfänger der erstellten Service-Level-Berichte
Quelle: Eigene Darstellung

Des Weiteren wurden die Studienteilnehmer nach dem Ersteller der Service-Level-Berichte gefragt und die Antworten zeigen in Abbildung 34 deutlich auf, dass es ein gewisser Ausgleich zwischen Auftraggeber und Auftragnehmer vorherrscht. Unter der Möglichkeit von Mehrfachnennungen gaben 42,9% der Befragten an, dass beide Parteien die Service-Level-Berichte erstellen. Die Auftraggeber stehen hierbei als Ersteller der Berichte nur gering vor den Dienstleistern.

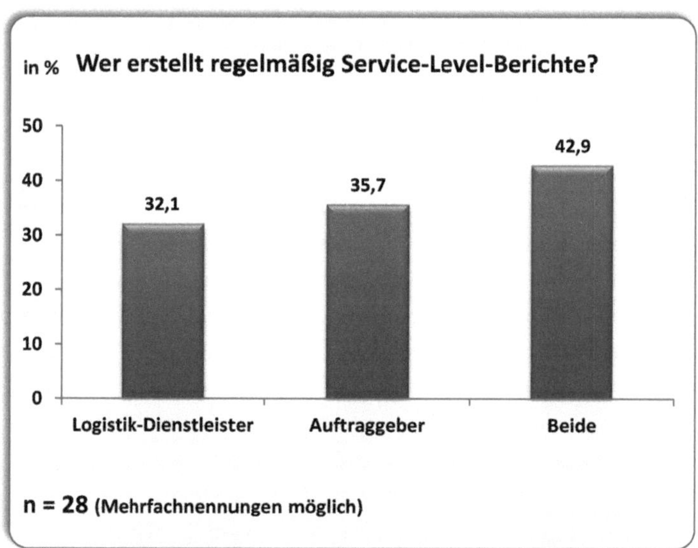

Abb. 34: Ersteller der regelmäßigen Service-Level-Berichte
Quelle: Eigene Darstellung

Geht man der Frage nach, wie oft Service-Level-Berichte in den jeweiligen verladenden Unternehmen erstellt werden, zeigt Abbildung 35, dass der Großteil der Befragten die Berichte monatlich erstellen (64,3%). Die weiteren Antwortmöglichkeiten sind etwas abgeschlagen, wobei wöchentlich mit 28,6% an zweiter Stelle steht. Die Angabe der täglichen Erstellung mit 14,3% lässt in diesem Moment eine uneingeschränkte Transparenz erahnen, soll jedoch mit einer jährlichen Erstellung der Berichte mit immerhin 21,4% der Unternehmen, an späterer Stelle in Abschnitt 3.4.8, in dem die Erwartungshaltungen vor Vertragsabschluss mit dem Erfüllungsgrad der Service-Level-Agreements im Tagesablauf verglichen werden, erneut aufgegriffen werden.

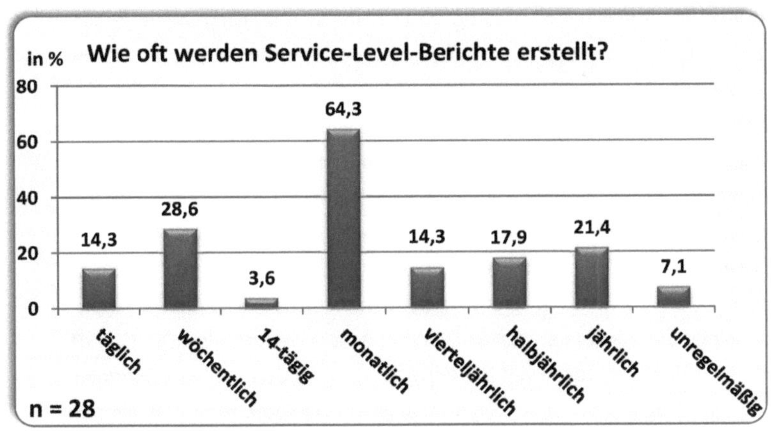

Abb. 35: Häufigkeit der Service-Level-Bericht-Erstellung

Quelle: Eigene Darstellung

3.4.6 Abhalten von Meetings auf operativer und Management-Ebene

Um die in den Berichten dokumentierten Ergebnisse den in den Tagesabläufen involvierten Mitarbeitern aufzuzeigen und transparent zu machen, wird in der Theorie und Literatur vorausgesetzt, Mitarbeitergespräche zu führen und Geschäfts-Meetings abzuhalten.

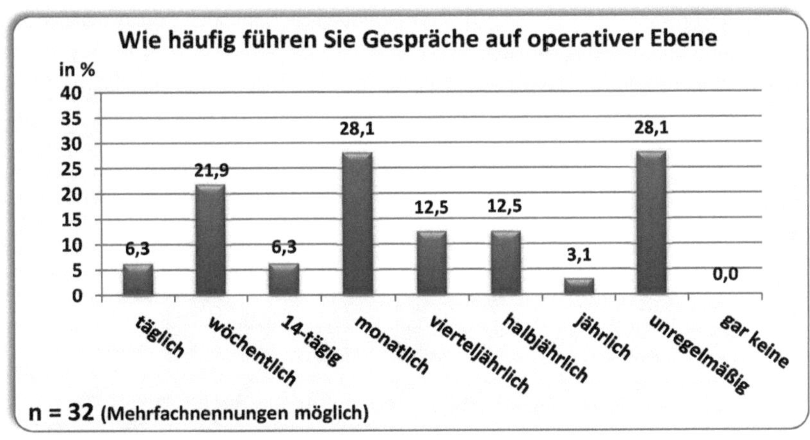

Abb. 36: Häufigkeit der Gespräche zur Einhaltung der SLAs auf

operativer Ebene

Quelle: Eigene Darstellung

In Abbildung 36 ist ersichtlich, dass bei einer Stimmenenthaltung, bei 97% aller befragten Unternehmen, die SLAs nutzen, Gespräche auf operativer Ebene durchgeführt werden. Dabei sollten im Idealfall alle Mitarbeiter einbezogen werden, die in das operative Tagesgeschäft integriert sind. Den Großteil der Antworten machen einerseits monatliche sowie wöchentliche Gespräche aus (28,1% bzw. 21,9%). Zu gleichen Teilen folgen vierteljährliche und halbjährliche Gespräche. Es ist jedoch auch erkennbar, dass der benötigte Kontakt mit den Mitarbeitern zur Übermittlung der geforderten Prozesstransparenz sehr unregelmäßig zu sein scheint, was sich in einer relativ hohen Stimmenzahl mit 28,1% widerspiegelt und wiederum in späteren Abschnitten hinterfragt werden wird. Die Gründe für unregelmäßige Gespräche auf operativer Ebene werden von den Befragten einerseits damit begründet, dass diese durchgeführt werden wenn dies als notwendig erscheint oder aber vom Dienstleister sowie dem Volumen des Outsourcings abhängt.

Um den Einsatz von SLAs bestmöglich zu gestalten, gelten neben den Gesprächen auf operativer Ebene auch die Review-Meetings auf Management-Ebene zu einer wichtigen Komponente zur optimalen Steuerung. Abbildung 37 macht deutlich, wie häufig die Experten in ihrem Unternehmen Review-Meetings durchführen. Dabei wird deutlich, dass ein vierteljährlicher Zusammenschluss (33,3%) auf Management-Ebene, um die aktuellen Abläufe einzusehen, deutlich seltener ausfällt als auf operativer Ebene. Die zweite häufigste genannte Option stellt wiederum ein unregelmäßiges Zusammentreffen dar (23,3%), wie etwa bei Bedarf, z.B. einer Eskalation, gefolgt von halbjährlichen sowie jährlichen Meetings.

Abb. 37: Häufigkeit der Review-Meetings auf Management-Ebene
Quelle: Eigene Darstellung

Nachdem nun nach der Häufigkeit der Gespräche und Meetings gefragt wurde, zeigt Abbildung 38 deutlich auf, auf welcher Seite beider Parteien die Review-Meetings stattfinden. Unter dem erneuten Vorbehalt der Möglichkeit der Mehrfachnennung geben 82,8% an, dass die operative Ebene des Auftraggebers, in dem Falle der Logistikleiter bzw. das Supply Chain Management, zu den Review-Meetings einlädt und diese abhält und „nur" 20,7% die Geschäftsführung des Verladers. Dabei kann darüber spekuliert werden, inwiefern die Geschäftsführung auf Auftraggeberseite die Kompetenzen an die Leitung der operativen Ebene abtritt. Eine erneute Bewertung der Situation soll in den nächsten Abschnitten erfolgen.

Die Dienstleisterseite als durchführende Instanz der Review-Meetings gilt mit 27,6% (Betriebsleiter/ Standortleiter), sowie 17,2% (Geschäftsführung) als abgeschlagen und zeigt den Fokus und die Wichtigkeit der Gesprächsführung eher auf Auftraggeberseite.

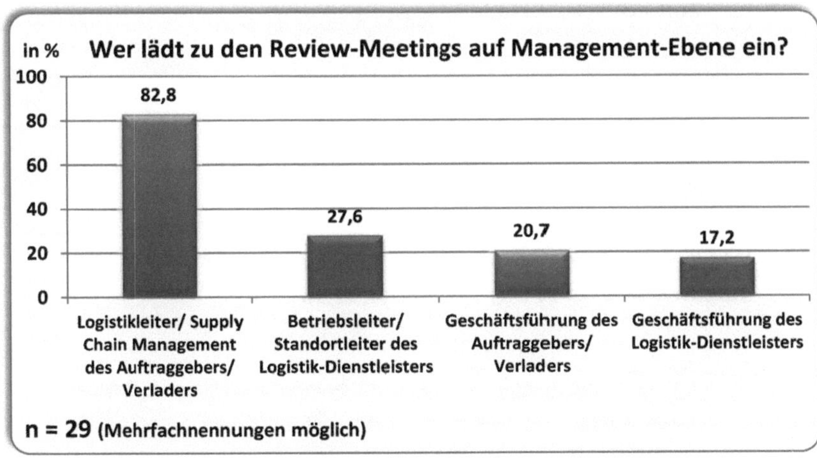

Abb. 38: Ausführender der Review-Meetings auf Management-Ebene
Quelle: Eigene Darstellung

Als Teilnehmer der Review-Meetings auf Management-Ebene kann Abbildung 39 entnommen werden, dass 90% der Befragten den eben angesprochenen Logistikleiter sowie das Supply Chain Management des Verladers angaben, was mit der Gesprächsführung der selbigen einhergeht.

Mit 60,0% wurde der Betriebsleiter bzw. Standortleiter des Auftragnehmers angegeben, der allen Anschein nach, vergleicht man die Abbildungen 38 und 39, eher als ausführende Instanz im Einsatz mit den SLAs gesehen wird. Ebenso verhält es sich mit der Geschäftsführung des Dienstleisters (46,7%).

An dieser Stelle soll allerdings der Fokus auf den vermeintlich niedrigen Wert von 30,0% der Stimmen auf die Geschäftsführung des Verladers gelegt werden, wobei allen Anschein nach, eine eher geringe Notwendigkeit der Teilnahme an den Review-Meetings gesehen wird und „je nach Sachlage" entschieden wird.

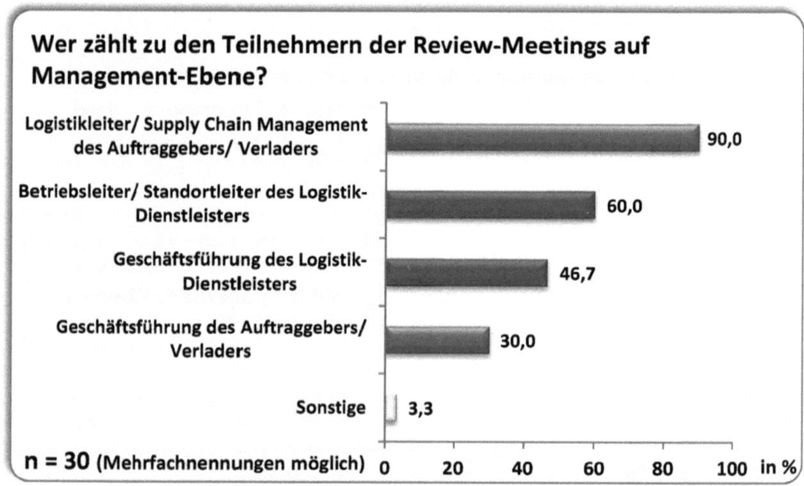

Abb. 39: Teilnehmer der Review-Meetings auf Management-Ebene
Quelle: Eigene Darstellung

Nachdem nun darauf eingegangen wurde, wie häufig und durch wen Review-Meetings gehalten werden und wer dazu einlädt, soll an dieser Stelle geklärt werden, welche Themen bei diesen Meetings auf Management-Ebene besprochen werden (siehe dazu Abbildung 40).

Dabei wird deutlich, dass in 83,3% der Fälle, Prozessabläufe im Tagesgeschehen analysiert und erörtert werden. Dicht gefolgt von den Verfehlungen gegen Service-Level-Agreements bzw. den Abweichungen der Ist-Werte von den Soll-Werten der Service-Levels. Weitere wichtige Themen sind die Kosten der Unternehmensabläufe und Transaktionen (70,0%), sowie die konkreten Kennzahlenwerte (50,0%).

Bezogen auf die Unternehmensentwicklungen scheinen die mittelfristigen Entwicklungen mit 76,7% der Stimmen eher im Fokus zu liegen als die langfristigen (50,0%) oder aber die kurzfristigen Entwicklungen (43,3%)

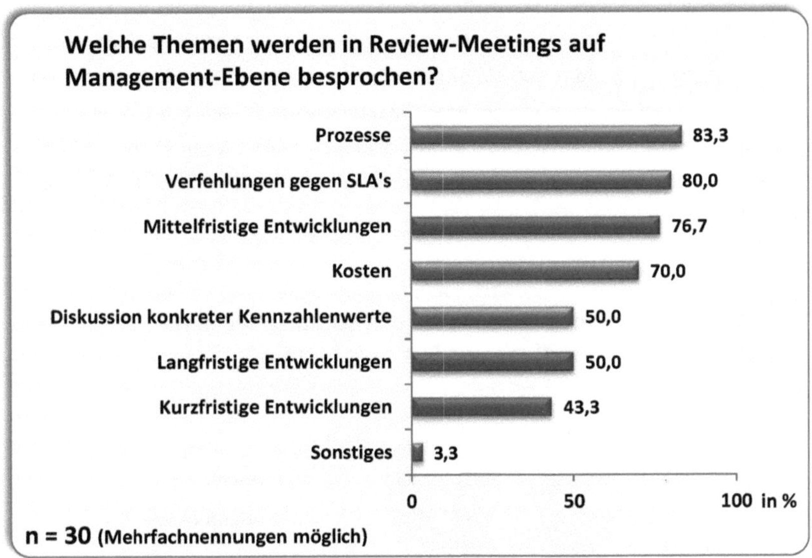

Abb. 40: Themen der Review-Meetings auf Management-Ebene

Quelle: Eigene Darstellung

3.4.7 Selbsteinschätzung der befragten Teilnehmer bezüglich Aufwand in der Erstellung und Steuerung der Partnerschaft im Tagesablauf

Nachdem die Ergebnisse der Studie nun dargelegt wurden, soll sich dieser Abschnitt mit der Selbsteinschätzung der befragten Experten bezüglich des Einsatzes von Service-Level-Agreements in der Partnerschaft mit dem Auftragnehmer befassen.

Demnach wurde gefragt, wie hoch die jeweiligen befragten Personen den Aufwand zur Erstellung von SLAs rückblickend betrachtet bewerten würden.

Abbildung 41 zeigt auf, dass bei 30 Antworten und 2 Stimmenenthaltungen aller Unternehmen die SLAs nutzen, mehr als die Hälfte, also 53,1% angaben, dass der Aufwand hoch war. Fast die Hälfte der Befragten (43,8%) gaben an, das der Aufwand angemessen war und nur 3,1% gaben an, dass der Aufwand gering erschien.

Daraus kann man schlussfolgern, dass 97% der Unternehmen, die SLAs implementiert haben, dies auch mit dem notwendigen Einsatz und dem nötigen Ehr-
geiz vollzogen haben, was für eine optimale Steuerung der Partnerschaft unum-
gänglich zu sein scheint. Nur 3,1% sahen den Aufwand als gering an. Dabei ist
nicht ersichtlich, inwiefern diese Unternehmen den Einsatz von SLAs rückwirkend
begrüßen bzw. inwiefern sich ein erhoffter Erfolg eingestellt hat. Es ist allerdings
davon auszugehen, dass ein geringer Einsatz auch nicht den gewünschten Erfolg erzielt. Allerdings sei auch zu sagen, dass es oft leicht fallen kann, die SLAs
den jeweiligen Prozessen anzupassen indem man sich auf wenige Kennzahlen
beruft.

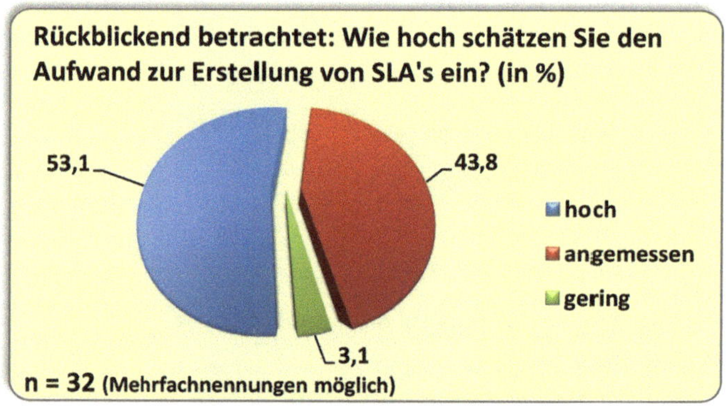

Abb. 41: Einschätzung des Aufwandes zur Erstellung von SLAs
Quelle: Eigene Darstellung

Die vorgestellte Studie wurde mit der Frage abgeschlossen, wie hoch der Aufwand zur Steuerung der Partnerschaft mit SLAs, rückblickend betrachtet, gemessen am Ergebnis sei. Daraufhin zeigt Abbildung 42 eine abschließende Beurtei-
lung aller 43 Teilnehmer der Studie auf.

Demnach gaben, gemessen am Gesamtergebnis des Einsatzes mit SLAs, 33,7%
an, dass der Aufwand auf operativer Ebene hoch war. 40,7% sagten, dass der
Aufwand angemessen war, 2,3% enthielten sich ihrer Stimme trotz eingesetzter
SLAs. Die bereits mehrmals angesprochenen 23,3% enthielten sich ihrer Stimme
da keine SLAs im Unternehmen implementiert sind.

Das bedeutet, dass drei Viertel der Unternehmen auf operativer Ebene den Einsatz mit SLAs gemessen am Ergebnis angemessen bis hoch empfinden.

Betrachtet man auf der anderen Seite den Aufwand zur Steuerung der Partnerschaft auf Management-Ebene, kommt man zu einem differenzierten Ergebnis. Demnach gaben 11,6% der Befragten an, einen hohen Aufwand betrieben zu haben. 44,2% empfinden den Aufwand als angemessen, 11,6% empfinden den Aufwand als zu niedrig gemessen am Gesamtergebnis und 9,3% enthielten sich ihrer Stimme trotz bestehender SLAs.

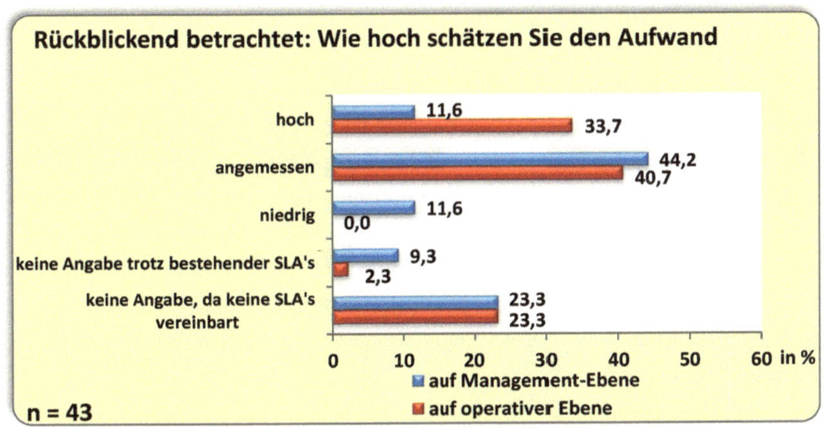

Abb. 42: Einschätzung des Aufwandes zur Steuerung der Partnerschaft mit SLAs gemessen am Ergebnis

Quelle: Eigene Darstellung

Stellt man nun also den Aufwand, den die operative Ebene auf sich genommen hat mit dem Aufwand der Management-Ebene gegenüber, ist in Abbildung 43 erkennbar, dass die operative Ebene deutlich mehr für den optimalen Einsatz der Service-Level-Agreements als Steuerelement in der Partnerschaft mit dem Auftragnehmer auf sich genommen hat. Ca. drei Viertel der Befragten würden sagen, dass die operative Ebene im Umgang mit den SLAs einen guten bis sehr guten Einsatz leistet. Betrachtet man dahingehend die Management-Ebene sagen nur etwas mehr als die Hälfte der Befragten, dass das Management einen angemessenen bis hohen Einsatz zeigt, um die Partnerschaft mit dem Dienstleister optimal zu steuern.

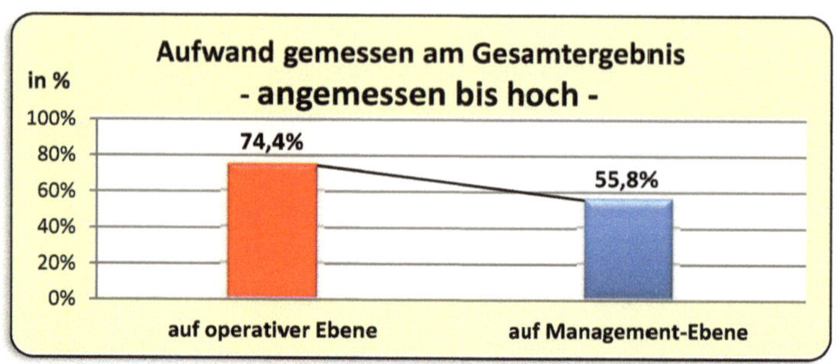

Abb. 43: Aufwand gemessen am Gesamtergebnis

Quelle: Eigene Darstellung

Betrachtet man die Phase der Vertragsgestaltung und des –abschlusses, kommt man zu dem Ergebnis, dass die Erstellung der SLAs zu 53,1% mit hohem und zu 43,8% mit angemessenem Aufwand bewertet wird (siehe Abbildung 44). Als gering wird der Aufwand nur von 3,1% der Befragten verstanden. Vergleicht man dahingehend die Steuerung der Partnerschaft mit dem Dienstleister mittels SLAs wird deutlich, dass nur noch etwa ein Drittel (31,3%) der Interviewten den Aufwand dafür als hoch einstufen. Die Mehrheit (60,1%) sehen den Aufwand eher als angemessen an. Nur 8,6% der Befragten sehen den Aufwand zur Steuerung als gering an.

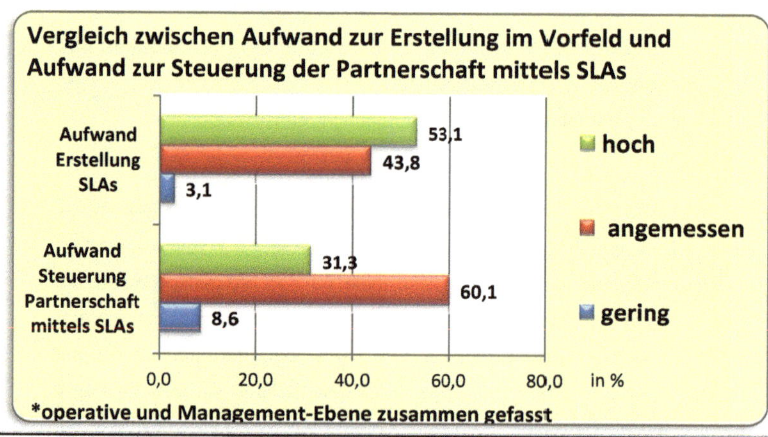

Abb. 44: Vergleich zwischen Aufwand zur Erstellung im Vorfeld und Aufwand zur Steuerung der Partnerschaft mittels SLAs

Quelle: Eigene Darstellung

3.4.8 Vergleich der Erwartungshaltungen vor Vertragsabschluss mit dem Erfüllungsgrad der Service-Level-Agreements im Tagesablauf

Im folgenden Abschnitt soll ein detaillierter Vergleich zwischen den Erwartungshaltungen, die vor Vertragsabschluss an den Logistik-Dienstleister gestellt wurden, mit dem Erfüllungsgrad der Erwartungen im Tagesablauf vollzogen werden.

Dabei wurde einerseits in den Fragen 12 und 13 im Fragebogen (siehe Anhang) darum gebeten, die typischen Erwartungshaltungen, die an den Nutzen von Service-Level-Agreements in der Partnerschaft mit dem Logistik-Dienstleister bestehen bzw. welche die Teilnehmer der Studie hätten, zu priorisieren. In den Fragen 24 und 25 im selbigen Fragebogen wurden die Experten gebeten anzugeben, inwiefern sich die Erwartungshaltungen, die vor Vertragsabschluss an den Einsatz von Service-Level-Agreements in der Partnerschaft mit dem/n Logistik-Dienstleister/n vorherrschten, im Tagesgeschäft erfüllt haben. Dabei wurde eine Skala (0 = hat sich nicht erfüllt; bis 5 = hat sich komplett erfüllt) vorgegeben, die ohne Mehrfachnennung, jedoch mit der Möglichkeit der Stimmenenthaltung, angekreuzt werden sollte.

Links in der Tabelle 2 befinden sich die Erwartungen, die vor Vertragsabschluss an den Dienstleister gestellt wurden. Die angegebenen Skalenwerte, oben in der Tabelle, ergeben sich durch die Differenzen der Erwartungen im Vergleich mit den eingetroffenen Erwartungen. Die Differenzen befinden sich in der zweiten Spalte von rechts. Die Bandbreiten rechts in der Tabelle, geben einen Überblick über die einzelnen Antworten der beschriebenen Skala der Studienteilnehmer.

Der blaue Graph in Tabelle 2 zeigt die erfüllten bzw. nicht-erfüllten Erwartungshaltungen im Tagesgeschäft, sowie der rote Graph die Erwartungshaltungen im Vorfeld. Dabei ist zu sagen, dass sich der Frage, ob sich die Erwartungshaltungen im Tagesgeschäft erfüllt haben, 30 Teilnehmer angeschlossen, abzüglich der 10 Experten die keine SLAs implementiert haben und abzüglich 3 Teilnehmern, die sich der Stimme enthalten haben. Bei der Frage nach den Erwartungshaltungen im Vorfeld an den Einsatz der SLAs wird von einer Grundgesamtheit der Frage von 42 Teilnehmern ausgegangen, mit einer Stimmenenthaltung, da hierbei der Einsatz von SLAs keine Vorgabe war.

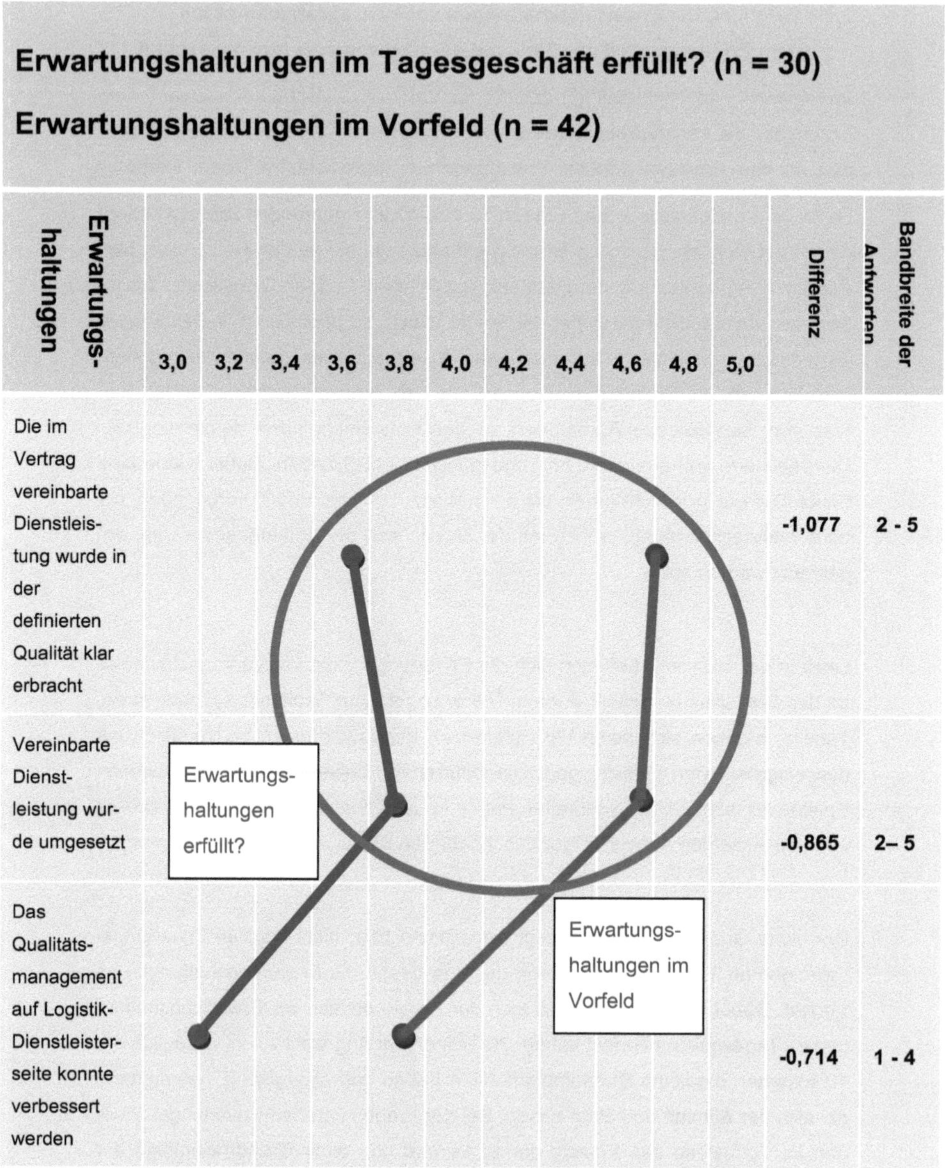

Tabelle 2: Vergleich zwischen Erwartungshaltungen im Vorfeld an den Logistik-Dienstleister mit dem Erfüllungsgrad der Erwartungen im Tagesgeschäft

Quelle: Eigene Darstellung

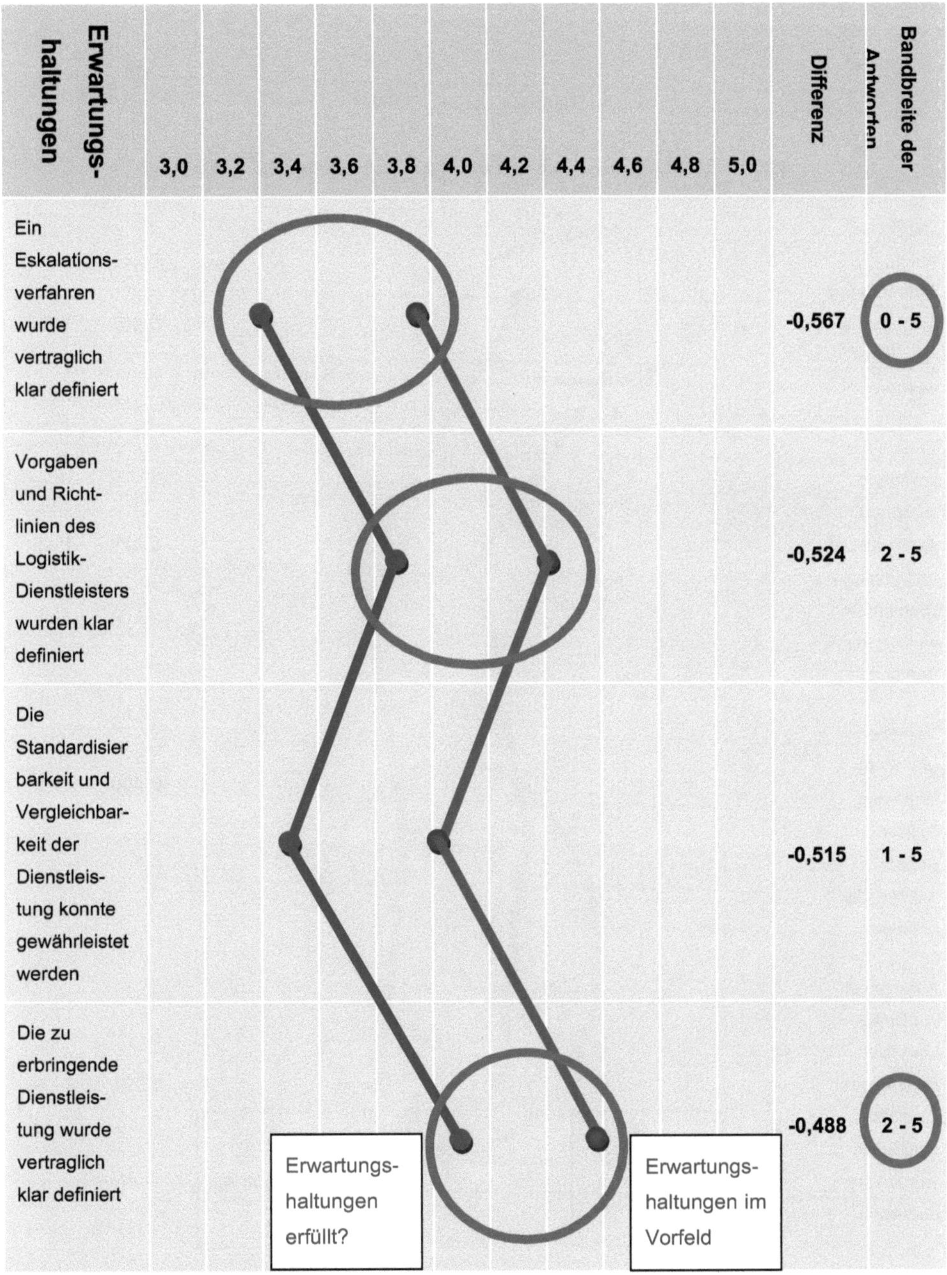
Erwartungs-haltungen
3,0
3,2
3,4
3,6
3,8
4,0
4,2
4,4
4,6
4,8
5,0
Differenz
Bandbreite der Antworten
Ein Eskalations-verfahren wurde vertraglich klar definiert
-0,567
0 - 5
Vorgaben und Richt-linien des Logistik-Dienstleisters wurden klar definiert
-0,524
2 - 5
Die Standardisier barkeit und Vergleichbar-keit der Dienstleis-tung konnte gewährleistet werden
-0,515
1 - 5
Die zu erbringende Dienstleis-tung wurde vertraglich klar definiert
-0,488
2 - 5
Erwartungs-haltungen erfüllt?
Erwartungs-haltungen im Vorfeld

Erwartungs-haltungen	3,0	3,2	3,4	3,6	3,8	4,0	4,2	4,4	4,6	4,8	5,0	Differenz	Bandbreite der Antworten
Die Kosten auf Auftraggeber-seite konnten reduziert werden												**-0,487**	**1-5**
Verantwort-lichkeiten zwischen Auftraggeber und Logistik-Dienstleister wurden klar geregelt												**-0,421**	**1 - 5**
Vorgaben und Richt-linien des Auftrag-gebers wurden klar definiert												**-0,408**	**2 - 5**
Kennzahlen zur Bewer-tung der relevanten Qualitäts-dimension wurden klar definiert												**-0,391**	**2 - 5**

Erwartungs-haltungen erfüllt?

Erwartungs-haltungen im Vorfeld

Erwartungs-haltungen	3,0	3,2	3,4	3,6	3,8	4,0	4,2	4,4	4,6	4,8	5,0	Differenz	Bandbreite der Antworten
Verfahren zur Überprüfung und Anpassung der Regelungen der SLAs wurden klar definiert												-0,362	0 - 5
Ein regelmäßiges Berichtswesen wurde kontinuierlich durchgeführt												-0,330	1 - 5
Die vereinbarte Dienstleistung kann monetär klar bewertet werden												-0,314	2 - 5
Gemeinsame Ausgangsbasis für kontinuierliche Verbesserungen konnte geschaffen werden												-0,307	2 - 4

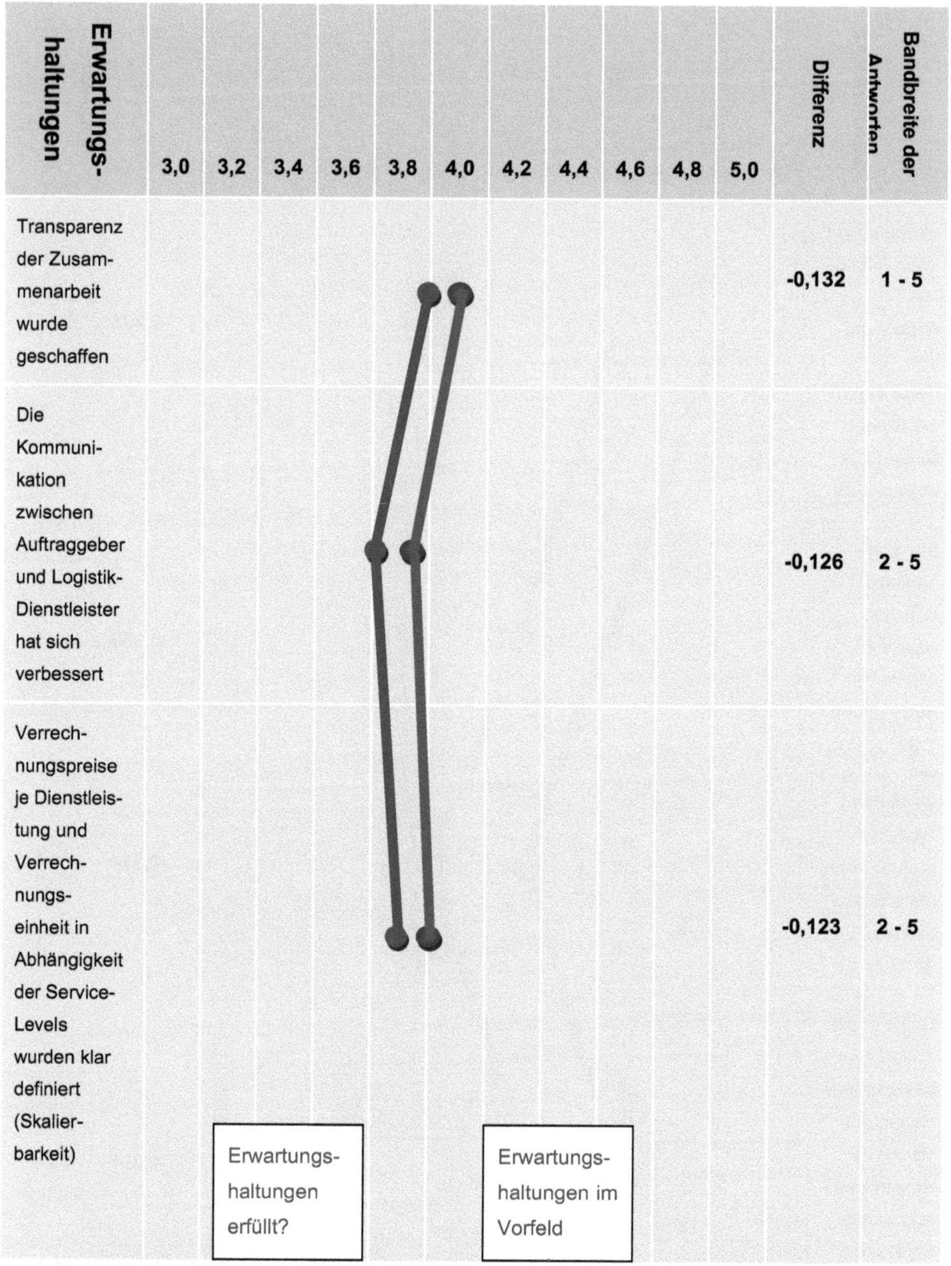
Erwartungs-haltungen
3,0 3,2 3,4 3,6 3,8 4,0 4,2 4,4 4,6 4,8 5,0
Differenz
Bandbreite der Antworten
Transparenz der Zusammenarbeit wurde geschaffen
-0,132
1 - 5
Die Kommunikation zwischen Auftraggeber und Logistik-Dienstleister hat sich verbessert
-0,126
2 - 5
Verrechnungspreise je Dienstleistung und Verrechnungseinheit in Abhängigkeit der Service-Levels wurden klar definiert (Skalierbarkeit)
-0,123
2 - 5
Erwartungshaltungen erfüllt?
Erwartungshaltungen im Vorfeld

Erwartungs-haltungen	3,0	3,2	3,4	3,6	3,8	4,0	4,2	4,4	4,6	4,8	5,0	Differenz	Bandbreite der Antworten
Die Zufriedenheit der Mitarbeiter des Auftraggebers konnte erhöht werden												-0,117	0 - 5
Gemeinsame Entwicklungsziele wurden definiert												-0,065	1 - 5
Methoden zur Ermittlung der Werte der Kennzahlen wurden festgelegt und detailliert beschrieben												-0,014	2 - 5
Angestrebte längerfristige Beziehung zwischen Auftraggeber und Logistik-Dienstleister ist entstanden												+0,122	1 - 5

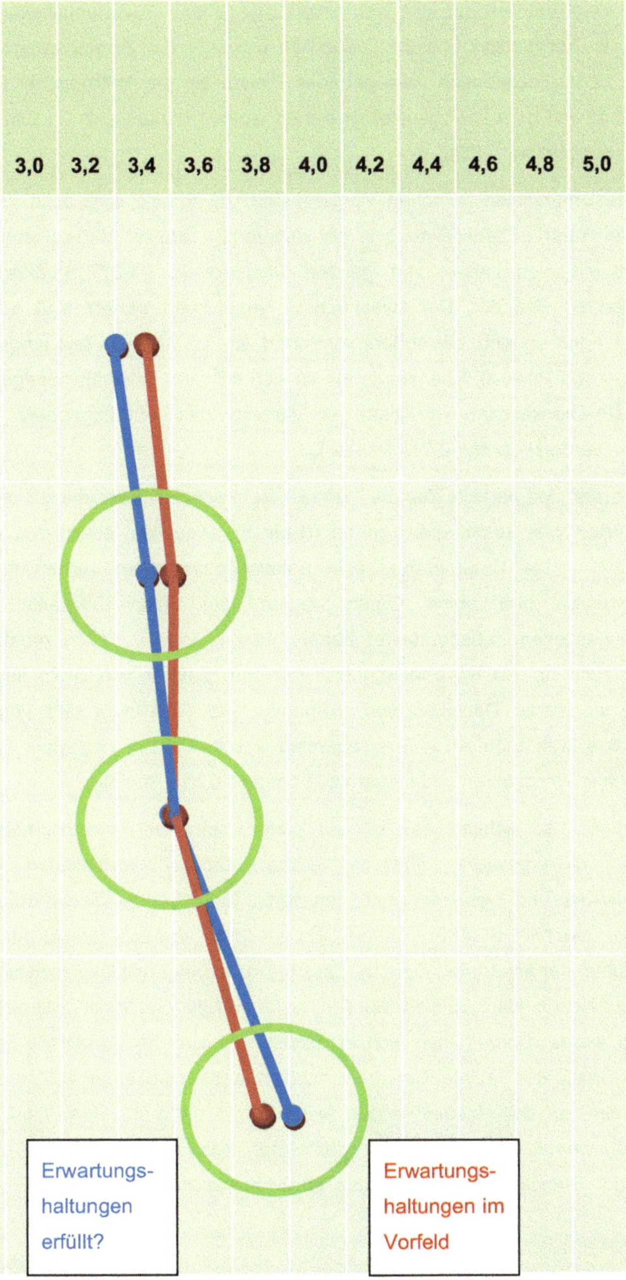

Tabelle 2 zeigt deutlich auf, wie weit eine ausgegebene Erwartungshaltung an den Logistik-Dienstleister und die tatsächlich umgesetzten Vereinbarungen liegen. Von 22 im Fragebogen vorgegebenen Zielen, die die Auftraggeber in der Partnerschaft mit dem Dienstleister erreichen wollten, haben sich 21 Ziele gar nicht oder nur bedingt erfüllt.

Der größte Unterschied zwischen Vorgabe und Umsetzung liegt darin, die im Vertrag vereinbarte Dienstleistung in der definierten Qualität klar zu erbringen und geht mit mehr als einem ganzen Skalenpunkt (-1,077 Punkte) am deutlichsten auseinander. Der zweithöchste Negativwert bezieht sich auf die Dienstleistungen an sich, die anders vereinbart, als sie im Endeffekt umgesetzt wurden (-0,865 Punkte). Ebenso verhält es sich mit dem Qualitätsmanagement auf Logistik-Dienstleisterseite, dass so seitens des Auftraggebders nicht verbessert werden konnte (-0,714 Punkte).

Betrachtet man das nächste Ziel der Verlader ist ersichtlich, dass die Bandbreite der Antworten weit auseinander gehen (0 bis 5), Dies liegt einzig und allein daran, dass einige Unternehmen kein Eskalationsverfahren vertraglich klar definiert haben und somit Gefahr laufen, bei einer Eskalation kein Bewältigungsszenario ausgearbeitet haben, was in diesen Fällen greift. Ein weiterer Grund für ein Missmanagament mit dem Einsatz von SLAs liegt im Fehlen einer klaren Definition von Vorgaben und Richtlinien des Logistik-Dienstleisters, was auch auf Auftraggeberseite von äußerster Wichtigkeit ist, um Abläufe richtig einschätzen und steuern zu können (-0,515 Punkte).

Des Weiteren, so scheint es, fehlt in vielen befragten Unternehmen ein Verfahren, um gewisse ähnliche Dienstleistungen vergleichbar oder standardisierbar und diese Informationen somit für folgende Dienstleistungen nutzbar zu machen (-0,488 Punkte). Ein weiterer wichtiger Punkt für das Nichterreichen der erwarteten Ziele ist, dass die zu erbringende Dienstleistung im Vorfeld vertraglich klar definiert werden sollte, oft jedoch nicht ausreichend umgesetzt wurde. Schaut man sich in diesem Beispiel die Bandbreite in der jeweiligen Spalte der Tabelle 2 an, ist ersichtlich, dass mindestens ein befragtes Unternehmen auf der einzusetzenden Skala von 0 bis 5 mit dem Wert zwei antwortete, womit ausgesagt wird, das eine detaillierte Definition der zu erbringenden Diensleistung nur teilweise umgesetzt wurde.

Des Weiteren zeigt die Auswertung der Ergebnisse auf, dass ein primäres Unternehmensziel auf Verladerseite, die Kosten durch den Einsatz von Dienstleistern zu reduzieren, nur teilweise von den Unternehmen umgesetzt wurde und mit -0,487 Punkte belegt wird. Schaut man sich in diesem Fall erneut die Bandbreite an, kann abgelesen werden, dass dieses Ziel auch hier teilweise mit einem Punkt auf der Skala bewertet wurde und somit bedeutet, dass bezogen auf alle teilnehmenden Unternehmen nur bedingt Kosten reduziert werden konnten.

Ebenso verhält es sich mit dem Punkt der klar vereinbarten Verantwortlichkeiten zwischen Auftraggeber und Logistik-Dienstleister im Vorfeld, was bedeutet das sich der Großteil der Unternehmen über diesen wichtigen Punkt nicht im Klaren ist, bzw. welche Auswirkungen diese Negativbewertung auf das Tagesgeschäft haben kann, wenn Verantwortlichkeiten und Kompetenzen nicht geklärt sind. Dem Dienstleister kann man in diesem Falle vielleicht nicht den gleichen Vorwurf machen wie dem Verlader, da dieser Punkt in dessen Zuständigkeitsbereich fällt.

Des Weiteren ist ablesbar, dass die Vorgaben und Richtlinien des Auftraggebers auch in vielen Fällen nicht klar definiert wurden und mit einer Differenz von -0,408 Punkten bewertet wird. Ebenso verhält es sich mit der bereits angesprochenen Definition klarer Kennzahlen zur Bewertung der relevanten Qualitätsdimension und den vereinbarten Verfahren zur Überprüfung und Anpassung der Regelungen der SLAs, was in beiden Fällen auch nur bedingt bis garnicht zum Einsatz kommt.

Dabei soll noch einmal darauf hingewiesen werden, dass für die Auswertung der eben betrachteten beiden Punkte ausschließlich Unternehmen mit eingesetzten SLAs in die Ergebnisse eingeflossen sind.

Weiterhin wird auch ein regelmäßiges und kontinuierlich geführtes Berichtswesen mit -0,330 Punkten belegt, obwohl es, wie viele anderen Komponenten, einen hohen Stellenwert in der Vereinbarungsphase aufweisen konnte. Weitere Erwartungen die nicht vollends erfüllt wurden sind zum einen, dass die vereinbarte Dienstleistung monetär klar bewertet werden kann und zum anderen, dass einen gemeinsame Ausgangsbasis für kontinuierliche Verbesserungen zwischen beiden Parteien geschaffen werden konnte (-0,307 Punkten).

Die folgenden Erwartungshaltungen und Ziele der Verlader gehen ungefähr konform mit dem Erreichungsgrad der Erwartungen. Dies betrifft einerseits die Transparenz der Zusammenarbeit die geschaffen werden konnte, des Weiteren die Kommunikation zwischen Auftraggeber und Logistik-Dienstleister, die sich durch die Zusammenarbeit verbessert hat, die Verrechnungspreise je Dienstleistung und Verrechnungseinheit in Abhängigkeit der Service-Levels, die klar definiert werden konnten (Skalierbarkeit) und die Zufriedenheit der Mitarbeiter des Auftraggebers, die im Zuge der Partnerschaft erhöht werden konnte.

Die folgenden zwei Punkte unterscheiden sich kaum hinsichtlich Ziele und erfüllter Vereinbarungen und sind einerseits, dass gemeinsame Entwicklungsziele im Vorfeld definiert und eingehalten wurden und zum anderen, dass Methoden zur Ermittlung der Werte der Kennzahlen festgelegt und detailliert beschrieben wurden.

Abschließend soll der einzige Punkt aufgezeigt werden, der durch die befragten Experten im Zuge der Partnerschaft und dem Einsatz von SLAs das vorgegebene Ziel übertroffen hat. Dabei handelt es sich um eine angestrebte längerfristige Beziehung zwischen Auftraggeber und Logistik-Dienstleister, die durch die Zusammenarbeit entstanden ist (+0,122 Punkte). Unter Einbezug des Nicht-Erreichens der angesprochenen Erwartungshaltungen und Ziele im Vorfeld, kann nicht eindeutig festgestellt werden, inwiefern der Einsatz der SLAs für eine längerfristige Beziehung von Bedeutung ist oder aber inwiefern einzig und allein das Abschließen längerfristiger Verträge ausschlaggebend für eine nachhaltige Partnerschaft ist.

An dieser Stelle soll auf die in Abschnitt 3.1 aufgestellte These 2 eingegangen werden, in der vom Autor vorab unterstellt wurde, dass die Erwartungshaltungen aus Verladersicht zur Umsetzung der vereinbarten Service-Level-Agreements durch den Dienstleister vom tatsächlichen Output im Tagesgeschäft abweichen. Nach detaillierter Untersuchung des Sachverhalts in diesem Abschnitt und einem 95%en Nicht-Erreichungsgrad der vorab aufgestellten Ziele kann diese These zweifelsfrei belegt werden.

4. Zusammenfassung der Ergebnisse

Die Studie zur Analyse der Steuerung zwischen Verladern und Logistik-Dienstleistern hat aus Verladersicht Schwächen im Hinblick auf den Einsatz von Service-Level-Agreements im Tagesgeschäft aufgezeigt. Einzelgespräche mit Logistik-Leitern geben auch heute noch oft ein falsches Bild über die aktuelle Situation im Unternehmen ab. Oft kommt es zu Verschleierungen der Wahrheit über den aktuellen Stand bezüglich der Prozesse und Strukturen in der Wertschöpfungskette oder aber es mangelt in vielen Bereichen und Abläufen an Transparenz. Oft stellen sich Verantwortliche schützend vor die Management-Ebene oder die Management-Ebene ist sich nicht im Klaren darüber, was in der operativen Ebene eigentlich im Tagesablauf geschieht.

So zeigte sich auch in dieser Studie, dass die Experten der Befragung oft sehr sensibel auf Fragen bezüglich Ihres Managements reagierten. Bezogen auf die Quantität der Aussagen kann festgehalten werden, dass das ein oder andere Mal lieber „keine Angabe" zu Fragen des Tagesgeschäfts und der Abstimmung mit dem eigenen Management angekreuzt wurden, um sich schützend vor die Wahrheit zu stellen. Das zeigte sich oft dahin gehend, dass Fragen bezüglich der operativen Ebene eine deutlich höhere Beantwortungsquote aufweist als Fragen bezogen auf das Management.

An dieser Stelle sollen die in Abschnitt 3.1 aufgestellten Thesen noch einmal nach ihrem Erfüllungsgrad der aufgestellten Behauptungen zusammengefasst werden. In These 1 wurde vom Autor vorab unterstellt wurde, dass Service-Level-Agreements seitens der Auftraggeber für die Phase der Vertragsgestaltung und des –abschlusses eine höhere Bedeutung haben als für das folgende, tatsächliche Tagesgeschäft. Betrachtet man die Phase der Vertragsgestaltung und des –abschlusses, kommt man zu dem Ergebnis, dass die Erstellung der SLAs zu 53,1% mit hohem, zu 43,8% mit angemessenem und mit 3,1% mit geringem Aufwand bewertet wird. Vergleicht man dahin gehend die Steuerung der Partnerschaft mit dem Dienstleister mittels SLAs wird deutlich, dass beim erneuten Zusammenfassen der Werte der operativen und der Management-Ebene nur noch 31,3% der Befragten den Aufwand zur Steuerung der Partnerschaft mittels SLA hoch einstufen. Die Mehrheit (60,1%) sehen den Aufwand eher als angemessen an. Nur 8,6% der Befragten sehen den Aufwand als gering an. Demnach kann man schlussendlich sagen, dass sich These 1 bewahrheitet.

Analysiert man das Eintreten der Behauptung von These 2 ist zu sagen, dass die Erwartungshaltungen aus Verladersicht zur Umsetzung der vereinbarten Service-Level-Agreements durch den Dienstleister vom tatsächlichen Output im Tagesgeschäft abweichen. Nach detaillierter Untersuchung des Sachverhalts (siehe dazu Tabelle 2, Seite 72 bis 77) und einem 95%en Nicht-Erreichungsgrad der vorab aufgestellten Ziele und Erwartungshaltungen, kann diese These 2 zweifelsfrei belegt werden.

In These 3 wird behauptet, dass Service-Level-Agreements nur dann zur Steuerung in der Partnerschaft genutzt werden können, wenn wesentliche Details vertraglich festgelegt sind. Stellt man die Abbildungen 25 und 26 gegenüber, kann festgehalten werden, dass auf Verladerseite alle wichtigen Vertragsinhalte zumeist im Rahmenvertrag, im Dienstleistungsvertrag oder in der Prozessbeschreibung festgeschrieben werden. Einzig und allein scheint Uneinigkeit in der Praxis darüber zu bestehen, wenn es um das Thema Festlegung des Service-Level-Agreements im Vertrag geht. Die Bestandteile des SLAs werden scheinbar willkürlich in den verschiedenen Vertragskomponenten festgeschrieben. So wird beispielsweise der Punkt „Inkrafttreten, Laufzeit & Beendigung des Service-Level-Agreements" beispielsweise bei 55,2% der Unternehmen im Rahmenvertrag, bei 44,8% im Dienstleistungsvertrag, bei 17,2% in den Service-Level-Agreements, bei 6,9% im Projektvertrag und bei 3,4% in der Prozessbeschreibung festgesetzt. Dies ist nur ein Beispiel von vielen, könnte allerdings für jede Vertragskomponente aus den Abbildungen 25 und 26 fortgeschrieben werden.

Bezogen auf These 3 kann festgehalten werden, dass es enorm wichtig ist, alle Vertragsinhalte detailliert festzuschreiben, um das SLA optimal ein- und umzusetzen. Die vorliegende Studie zeigt jedoch auch auf, dass der Detaillierungsgrad der Vertragsbestandteile relativ hoch ist. Optimierungspotential scheint es hierbei eher in der Festschreibung der Service-Level-Agreements und dessen Inhalte sowie in der Standardisierbarkeit der Outsourcingverträge allgemein zu geben. Das wird auch deutlich wenn man sich die angesprochene fehlende Standardisierbarkeit und Vergleichbarkeit der Dienstleistungen (Tabelle 2) vor Augen führt (siehe Abschnitt 3.4.8), was sich somit negativ auf die Vertragsgestaltung auswirkt.

These 4 stellt, um es abschließend zu sagen, die Behauptung auf, dass kontinuierliche Service-Level-Review-Meetings durch die Auftraggeber, die Steuerung
und die Entwicklung der Partnerschaft im Tagesgeschäft und damit die Einhaltung der Service-Level-Agreements sichern. Das Abhalten von Review-Meetings
wird in Abbildung 37 in einer großen Bandbreite dargestellt, was aufzeigt, dass
das Abhalten der Meetings keinem Standard entspricht und von Unternehmen zu
Unternehmen individuell gehandhabt wird. Einige von ihnen halten Review-
Meetings kontinuierlich wöchentlich oder monatlich ab, was in dieser Studie zusammengefasst nur mit 13,3% belegt wird und sicherlich bezogen auf die Transparenz im Tagegeschäft von Vorteil ist. Wiederum andere Unternehmen sehen
vierteljährliche Meetings möglicherweise als völlig ausreichend. Andere wiederum berufen Review-Meetings nur ein, wenn es auch einen Grund dafür gibt, beispielsweise bei Eskalationen oder groben Abweichungen der Ist-Werte von den
Soll-Werten bestimmter Abläufe.

Allerdings muss hierbei auch gesagt werden, dass 56,6% der Befragten ihre Review-Meetings halbjährlich, jährlich, unregelmäßig oder gar nicht abhalten. Dieser
Wert ist eindeutig zu hoch, um sich möglicherweise dahingehend zu rechtferti-
gen, dass die aufgestellten Erwartungshaltungen und Ziele im Vorfeld, zu 95% im
Tagesgeschäft nicht erfüllt wurden. Aus diesem Grund kann die aufgestellte These 4, dass Review-Meetings einen entscheidenden Beitrag zur Sicherstellung
und Entwicklung der Partnerschaft und somit die Einhaltung der SLA leisten, als
sich bewahrheitete Behauptung deklariert werden. Zumindest konnte die Behauptung die eingangs aufgestellt wurde, in dieser Studie durch die befragten
Unternehmen in keiner Weise widerlegt werden.

4.1 Verbesserungsvorschläge und Handlungsempfehlungen beim Einsatz von Service-Level-Agreements für die Vereinbarungs- phase und den Tagesablauf

Vergleicht man die dargestellten Ergebnisse der vorliegenden Studie mit der
„Miebach-Studie 2009" lässt sich erkennen, dass es immer noch erhebliche Abweichungen zwischen der Vereinbarung und der Verwirklichung des Outsourcings gibt. Nur scheint es, wie in Abbildung 43 ersichtlich, auf der in dieser Umfrage außen vor gelassene Dienstleisterseite, nicht optimaler zu laufen, sondern
eher schlechter.

Auch im Jahre 2009 gaben in der „Miebach-Studie" die befragten verladenden Unternehmen an, in puncto Qualität, Innovationsfähigkeit, oder Prozessabläufe deutlich bessere Vorgaben getätigt zu haben, die von Dienstleisterseite nur teilweise erfüllt wurden. [92]

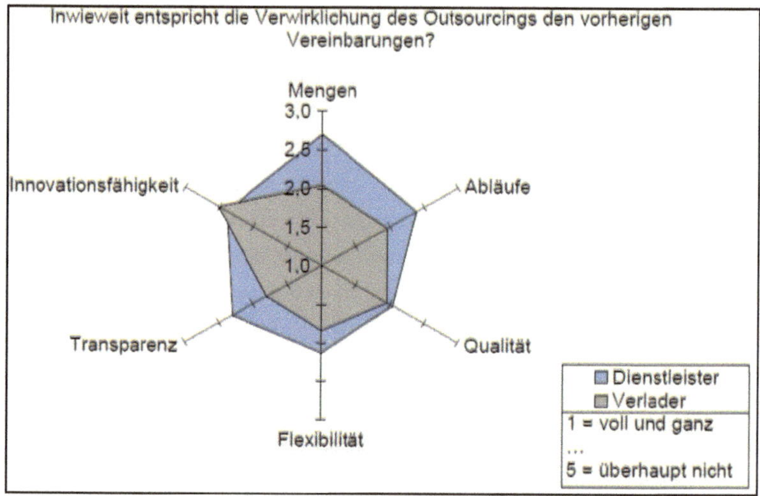

Abb. 45: Vergleich der Vereinbarungen und Verwirklichung des Outsourcings zwischen Verlader und Dienstleister (2009)

Quelle: Miebach Consulting Gmbh – Outsourcing Studie 2009
(2009): 26

Bei der Arbeit mit den Studienteilnehmern wurde deutlich, dass aufgrund des Fragebogens klar geworden ist, dass im Bereich von quantifizierten Kennzahlen und des Berichtswesens deutliche Defizite bestehen. Dies wäre zum Einen auf der operativen Ebene aber zum Anderen auch bei der Kommunikation zum Management-Team zu beobachten. Des Weiteren sollte die Transparenz im Prozessablauf erhöht und die Qualitätsrisiken minimiert werden.

Einige Unternehmen sind im Einsatz mit SLAs sehr unsicher. So muss die Ausführbarkeit im Tagesgeschäft erst auf ihre Machbarkeit hin bei jedem neuen Geschäft mit dem Dienstleister hin untersucht und die Kennzahlen dementsprechend korrigiert bzw. neue Lösungen gesucht werden.

---

[92] Vgl. Miebach Consulting Gmbh (2009): 21.

Einige Unternehmen in der Praxis geben an, dass Service-Level-Agreements in einem Ausschreibungsprozess nur schwer vermittelt werden können und es sich der Dienstleister von vornherein einbehält, die Partnerschaft einzugehen. Nicht wenige Unternehmen beschreiben ihre Prozesse nicht detailliert genau. Somit steht der Dienstleister schon am Anfang der Partnerschaft „mit dem Rücken zur Wand." Viele verladende Unternehmen verzichten gänzlich zum einen auf die gezielte Vorauswahl des richtigen lösungsorientierten Dienstleisters oder aber auf ein vorvertragliches Gespräch zur operativen Abwicklung, um somit ein gemeinsames Verständnis zu erzielen.

Nicht nur Auftraggebern, auch Auftragnehmern fällt es oft schwer, konkrete Verbesserungen aus der Diskussion um die Kennzahlen abzuleiten und somit eine Win-Win-Situation zu erzielen, da jede Partei oft auf den eigenen Vorteil aus ist. SLAs sowie deren Aufgaben, Ziele und die Auswertbarkeit der Kennzahlen müssen einfach strukturiert sein, um schnellstmöglich auf Negativmeldungen und Abweichungen reagieren zu können. Ebenso müssen Service-Level-Berichte transparent dokumentiert und über einen längeren festgelegten Zeitraum ohne zusätzlichen Aufwand abrufbar und auswertbar sein, um diese auf direktem Wege, allen involvierten Mitarbeitern, sei es auf operativer oder Management-Ebene beider Parteien, transparent näher zu bringen und zu erläutern. Oft können Prozesse optimiert werden, indem der Dienstleister eine bessere Rückkopplung über Störungen des Ablaufs erhält, auch außerhalb der Vereinbarungen, beispielsweise durch Rahmenverträge oder Monatspauschalen.

In der Vereinbarungsphase ist wichtig, möglichst einheitliche Definitionen auf beiden Seiten zu schaffen, um die Qualität der Auswertungen zu verbessern und zeitintensive Diskussionen im Tagesgeschäft zu vermeiden. Weiterhin sollte auf beiden Seiten ein einheitliches Berechnungswerkzeug für die Kennzahlen und Service-Levels definiert werden. Oft fehlt es bei beiden Parteien oder zumindest bei Auftraggeber- oder Auftragnehmerseite an der benötigten IT-Integration. Des Weiteren kann ein einheitliches und detailliert ausgearbeitetes Bonus-Malus-System zur Wertigkeit der SLAs auf beiden, aber vor allem auf Dienstleisterseite beitragen.

Im Tagesgeschäft meinen die meisten der befragten Unternehmen, ein gut aufgestellten Dienstleistungsvertrag aufgestellt zu haben, doch gilt es diesbezüglich auch detailgenaue Rahmenverträge und Prozessbeschreibungen festzusetzen, mit denen der Logistik-Dienstleister stets konfrontiert werden kann.

Viele Unternehmen haben schlicht weg Angst davor SLAs in ihrem Unternehmen zu implementieren. Sie scheuen sich vor dem Schritt, um der möglichen Gefahr zu umgehen, mit dem Wagnis bzw. dem Risiko zu scheitern. Oft fehlt einfach das nötige Personal mit dem notwendigen Know-how im Umgang mit SLAs. Des Weiteren fällt es vielen Unternehmen schwer, das richtige Maß an Kennzahlen zu definieren. Ein Unternehmen in der Studie hatte ca. 70 Kennzahlen implementiert, am Ende des Fragebogens wurde allerdings deutlich, dass die nötige Transparenz im Tagesablauf fehlte. Wie bereits angedeutet, geht *Schietinger* in seinem Bericht „KPIs als Basis des Service-Level-Reportings" davon aus, nicht mehr als jeweils 5-10 Kostenkennzahlen, Prozesskennzahlen und Qualitätskennzahlen einzusetzen. Oft heben sich neu implementierte Kennzahlen mit bereits eingesetzten Kennzahlen auf. Es fällt nur auf Grund des Übermaßes an Kennzahlen niemandem auf.

Oft fällt es schwer Kennzahlen richtig zu definieren, aber dieser Schritt ist strengstens erforderlich, um die Partnerschaft richtig steuern zu können und Service-Levels zu vereinbaren. Vor allem die in dieser Studie untersuchten Branchen wie die Maschinenbau & Betriebstechnik, die Automobilindustrie, der Fahrzeugbau oder die Konsumgüterindustrie zeigten erhebliche Defizite beim Einsatz mit Kennzahlen auf.

Die Vereinbarung der Qualitätsbandbreite kann auch zu Streitigkeiten oder Mißverständnissen seitens des Dienstleisters führen, muss allerdings exakt definiert und vom Auftragnehmer angenommen und umgesetzt werden. Die Messung der Kennzahlenwerte kann sich als äußerst schwierig herausstellen, allerdings muss in dem Fall vorausgesetzt werden, dass das richtige Software-Tool implementiert ist und die Service-Levels mißt. Dies bezieht sich ebenso auf das Berichtswesen, dass von beiden Seiten durchgeführt werden muss, was wiederum gleiche Softwarelösungen verlangt. Sicherlich ist dabei die Kostenfrage nicht außer acht zu lassen, auf der anderen Seite amortisieren sich Investitionen dieser Art innerhalb weniger Jahre. Die vorliegende Studie belegt, dass auf 64,3% ihre Service-Level-Berichte monatlich erstellen und nur 3,6% 14-tägig. Optimal für jedes Unternehmen wäre sicherlich, wenn sich der Erstellungzeitraum verkürzen würde. Innerhalb eines Monats können in einem Industrieunternehmen die Ist-Werte weit von den Soll-Werten „abdriften" und am Ende ist ein Eingreifen vielleicht schon zu spät.

Die Studie hat ebenfalls deutlich gemacht, dass das Management nur teilweise in den Prozess des Berichtswesens integriert wird. Hier wäre sicherlich von Vorteil, die Management-Ebene von allen operativen Entscheidungen und Abläufen stärker in Kenntnis zu setzen. Die Review-Meetings in denen alle wichtigen Prozess-, Kosten- oder Entwicklungsentscheidungen, auch in Bezug zum SLA, dargestellt werden, sollten auf Management-Ebene erhöht werden. 33,3% der Befragten gaben an, die Meetings vierteljährlich durchzuführen und nur 10% gaben an, diese monatlich zu veranlassen. Eine Verlagerung dieser Zahl zu mehr Frequenz würde die fehlende Transparenz auf Management-Ebene verringern oder abschaffen.

Des Weiteren sollten Review-Meetings auch auf Dienstleisterseite abgehalten werden, bei denen im Optimalfall alle Entscheidungskompetenzen zusammenfinden. Dies fördert nicht nur die persönliche Zusammenarbeit, sondern gibt auch Potential auf für eine langfristige Vertragsbindung, was für beide Seiten von Vorteil ist. Aber auch die Gespräche auf operativer Ebene müssten von den angegebenen 28,1% im monatlichen Rhythmus auf ein 14-tägiges oder wöchentliches Einberufen korrigiert werden, um maximale Transparenz zu ermöglichen und gegebenfalls die dokumentierten Wochenberichte durch beispielsweise den Logistik-Leiter vorzustellen. Die Vertragsgestaltung gestaltet sich des Weiteren in vielen Fällen nicht einfach. Es muss jedoch gewährleistet sein, dass der Dienstleister die Möglichkeiten bekommt, in die Vertragsgestaltung einbezogen zu werden.

Schlussendlich ist zu sagen, dass Service-Level-Agreements zwar seit einigen Jahren in vielen Unternehmen aus dem industriellen Gewerbe genutzt werden, die Steuerung der Partnerschaft lässt allerdings noch viele Erfolgspotentiale bereit, auf Verlader und Logistik-Diensleisterseite. Der entscheidende Impuls wäre, das bereits implementierte SLA nach der optimalen Ausrichtung zu überdenken und gegebenenfalls Abläufe neu zu strukturieren oder aber bei der Neuimplementierung des Systems, von vornherein auf das richtige Know-how und die richtigen Kompetenzen zu setzen und den optimalen Aufwand während des Vertragsabschlusses mit dem Dienstleister zu leisten und in enger Kooperation und Kommunikation Prozesse und Verträge ständig zu hinterfragen, um das höchstmögliche Potential aus dieser Art der Partnerschaftssteuerung für beide Seiten zu gewährleisten.

Literaturverzeichnis

Monografien (Bücher):

Bernhard, M.G./Lewandowski, W., Mann H./Schrey, j. (Hrsg.) (2003): Praxis-
handbuch Service-Level-Management: Die IT als Dienstleistung organisieren,
Düsseldorf: Symposion Publishing GmbH.

Bürgerliches Gesetzbuch (2012): § 284 und §§ 635 bis 641,
Diensteanbieter im Sinne des TMG, Bundesrepublik Deutschland, vertreten
durch die Bundesministerin der Justiz: Berlin.

Borchert, M.; Heuwing-Eckerland, J. (2010): Internationlisierung in der Kontraktlogistik – Theorie und Praxis auch für kleinere Unternehmen, Berlin-Heidelberg:
Springer

Bretzke, W.-R. (1998): „Make or buy" von Logistikleistungen: Erfolgskriterien für
die Fremdvergabe logistischer Dienstleistungen, In: Isermann, H. [Hg.]: Logistik:
Gestaltung von Logistiksystemen, Landsberg/ Lech: Wiley-VCH Verlag.

Kaplan, R. S. / Norton, D. P. (1997): Balanced Scorecard – Strategien erfolgreich
umsetzen, Stuttgart: Schäffer-Poeschel.

Mehldau, M./ Schnorz, M. (1999): Trends und Strategien im Markt der Logistik-
Dienstleister, In: Weber. J./Baumgarten, H. (Hrsg): Handbuch Logistik – Management von Material- und Warenflussprozessen, Stuttgart: Schäffer-Poeschel.

Schrey, J. (2000): Ein Wegweiser für effektive vertragliche Regelungen - Fehlende gesetzliche Regelungen erfordern Absprachen. In: Bernhard,
M./Lewandowski, W./Mann H. (Hrsg.): Service-Level-Management in der IT –
Wie man erfolgskritische Leistungen definiert und steuert, Düsseldorf: Symposi-
um Publishing GmbH.

Stölzle, W., Weber, J., Hofmann, E., Wallenburg, C.M. (2007): Handbuch Kontraktlogistik, Weinheim: Wiley-VCH Verlag.

Zöllner, W. (1990): Kunden- und Wettbewerbsanalyse als Grundlage der strategischen Absatzmarktplanung von Logistikunternehmen, Berlin: Springer.

Zeitschriften / Sonstige Veröffentlichungen:

Berger, T.G. (2005): Konzeption und Management von Service-Level-Agreements für die IT-Dienstleistungen, Dissertation; Vom Fachbereich Rechts- und Wirtschaftswissenschaften der Technischen Universität Darmstadt

Einbock, Dr. M. (2011): Controlling des Logistik-Outsourcingprozesses – mit Key Performance Indicators die Leistungsfähigkeit des Logistikdienstleisters messen. Quehenberger Logistics GmbH, Wien.

Exxent Management Team AG (2011): als Lehrinhalt der Universität Duisburg-Essen; Fakultät für Ingenieurwissenschaften; Abteilung Maschinenbau; Institut für Produkt Engineering; Transportsysteme und – logistik, Fach: Intermodale Transportketten

Johnson, J /Wood, D. (1996): Contemporary logistics, Upper Saddle River 1996.

Klaus, P. (1999): Die Logistikmärkte Europas: Aktueller Stand und Zukunftstrends, In: Pfohl, H-Chr. [Hg.]: Logistik 2000 plus, Berlin.

Miebach Consulting Gmbh (2009): Outsourcing Studie 2009: Trends & Erfolgsfaktoren.
Angefordert von der Miebach Consulting Gmbh am 11.12.2011

Pantry, S. / Griffiths P, (1997): The Complete Guide to Preparing and Implementing Service Level Agreements, London, Library Association Publishing.

Steger, Dr. A. (2009): Der Logistikvertrag. In: ZVR-Verkehrsrechtstag, 12: 480-484, Wien.

Wild, Dr. D. (2004): „Intermodaler Verkehr – Chance der Logistik". In: Compass, 04: 5-6.

Internetquellen:

Dälken, Dr. J. (2011): Logistikverträge.
URL: http://www.blaser-graf.de/aktuelles/publikationen/transport--und-speditions
recht/logistikvertraege.html 2012
Abruf am 12.11.2011

Dancziger, Y. (2007): The Future of the SLA.
URL: http://www.digitalfuel.com/news-events/Articles/BillingOSS-Nov07/
DF_BillingOSS_Magazine_Q42007.pdf
Abruf am 13.03.2012

Dilges-Maruska, B. (2011): Outsourcing-Wichtige Aspekte und Vorgehensmodell.
URL: http://www.acrys.com/en/PDF/Outsourcing.pdf
Abruf am 09.01.2012

Draxler, S. (2008): Mit Kennzahlen mehr Transparenz schaffen.
URL: http://www.dase-gmbh.de/fileadmin/user_upload/downloads/098DVZ08-011
_Kennzahlen.pdf
Abruf am 09.01.2012

Gerking, Dr. H. (2011): Der Einsatz von Service-Level Agreements.
URL: http://www.gerking-consulting.de/download/pdf/ganzheitliche_opt/Service-
Level-Agreements.pdf
Abruf am 14.10.2011

Giesa, F. / Kopfer, H. (2000): Management logistischer Dienstleistungen der
Kontraktlogistik.
URL: http://www.econbiz.de/archiv/hb/uhb/logistik/management_log_dl.pdf
Abruf am 06.01.2012

Grothe, Prof. Dr. M. (2003): Institute of Electronic Business.
URL: http://www.competence-site.de/downloads/3d/5e/i_
file_4258/Kennzahlen2003.pdf
Abruf am 18.12.2011

Krause / Arora (2009): Key Performance Indicators (KPI).
URL: http://www.controllingportal.de/Fachinfo/Kennzahlen/Key-Performance-Indicators-KPI.html?sphrase_id=521019
Abruf am 09.02.2012

lehrerfortbildung-bw (2012): Stichwort Expertenbefragung.
URL: http://lehrerfortbildung-bw.de/kompetenzen/projektkompetenz/methoden_a_z/expertenbefragung.htm
Abruf am 12.02.2012

logistik-heute (2012): Management: Performance Management für Logistikunternehmen.
URL: http://www.logistik-heute.de/Kompetenz-Logistik-Wissen-Know-How/7124/Hintergrundberichte/Management-Performance-Management-fuer-Logistikunternehmen
Abruf am 13.03.2012

Manalex (2012): Stichwort: Leistungsvereinbarung.
URL: http://www.manalex.de/d/leistungsvereinbarung/leistungsvereinbarung.php
Abruf am 12.03.2012

Mühlencoert (2012)
URL: http://www.iko-kontraktlogistik.de/make-or-outsourcing.html
Abruf am 11.03.2012

Kelber, R.J. (2003): Service-Level-Agreements als Steuerungsinstrument in der Supply Chain am Beispiel der Logistik von BSN GLASSPACK.
URL: http://www.kelber.cc/content/2003_mmc_sla_in_der_logistik.pdf
Abruf am 13.03.2012

Schietinger, J. (2011): KPIs als Basis des Service-Level-Reportings.
URL: http://www.vogel-bildung.de/data/26091_Musterseiten.pdf
Abruf am 12.12.2011

Thonfeld TransSecure GmbH (2010): Grundsätze für die Gestaltung von Logistikverträgen.
URL: http://www.thonfeld.de/Downloads/13%20Logistikvertr%C3%A4ge.pdf
Abruf am 04.01.2012

Wirtschaftslexikon24 (2012): Stichwort Validität

URL: http://www.wirtschaftslexikon24.net/d/validitaet/validitaet.htm

Abruf am 14.03.2012

Wirtschaftslexikon24 (2012): Stichwort Reliabilität

URL: http://www.wirtschaftslexikon24.net/d/reliabilitaet/reliabilitaet.htm

Abruf am 14.03.2012

Wirtschaftslexikon24 (2012): Stichwort Repräsentativität

URL: http://www.wirtschaftslexikon24.net/e/repraesentativitaet/

repraesentativitaet.htm

Abruf am 14.03.2012

Wirtschaftslexikon24 (2012): Stichwort Grundgesamtheit

URL:
http://www.wirtschaftslexikon24.net/e/grundgesamtheit/grundgesamtheit.htm

Abruf am 14.03.2012

wirtschaftslexikon.gabler (2012): Stichwort Expertenbefragung.

URL: http://wirtschaftslexikon.gabler.de/Definition/expertenbefragung.html

Abruf am 12.03.2012